U0110873

大展好書　好書大展
品嘗好書　冠群可期

黑松(八串)、直幹　盆：紫泥長方　樹高60公分

四季銘品盆栽
BONSAI

黑松，模樣木　盆：和長方　樹高45公分

蝦夷松，半懸崖　盆：和正方　樹高47公分

黑松，模樣木　盆：朱泥橢圓　樹高52公分

杜松，半懸崖　盆：和正方　樹高36公分

■真柏　盆：紫泥八角長方　樹高57公分

雜木盆栽

■ 山紅葉，模樣木　盆：祝峰橢圓　樹高65公分

■ 楓，抱石　盆：和長方　樹高40公分

■ 紅葉(出猩猩)，聚植　盆：和橢圓　樹高88公分

■ 山毛欅，聚植　利根鞍馬有石　樹高78公分

■楓，三幹　盆：鴻陽長方　樹高85公分

■山楲，聚植　盆：和橢圓　樹高58公分

盆栽園春秋

■ 秋天盆栽棚

■ 初冬盆栽棚

■ 春天盆栽棚

櫸・四季之美

春

■ 櫸，掃把形　盆：白交趾橢圓　樹高80公分

秋

花類盆栽

■ 深山霧島，株立　盆：和長方　樹高60公分

■ 姬丁香，模樣木　盆：鴻陽橢圓　樹高55公分

垂絲海棠，模樣木　盆：鴻陽橢圓　樹高65公分

藤，模樣木　盆：和圓　樹高75公分

山查子，模樣木　盆：鴻陽橢圓　樹高65公分

寒山茶，模樣木
盆：祝峰長方 樹高75公分

姬蘋果，模樣木　盆：鴻陽橢圓　樹高60公分

果實盆栽

落霜紅，模樣木　盆：和長方 樹高54公分

■ 落霜紅，株立　盆：和圓　樹高47公分

■ 落霜紅，株立　盆：和橢圓　樹高72公分

■ 莢蒾　，株立
盆：和長方 樹高52公分

休閒生活 2

盆　栽

培養與欣賞

廖啓欣 編著

品冠文化出版社

目錄

彩色 盆栽

四季銘晶盆栽……一
松柏盆栽……一
雜木盆栽……五
盆栽園春秋……八
欅——四季之美……一〇
四季銘品盆栽……一二
花類盆栽……一二
果實盆栽……一五
適合盆栽的樹種……二三

第一章　盆栽最佳日常管理法……二五
放置盆栽、培養盆栽的地點……二六
如何做好澆水……二九
肥料種類和施肥法……三三
病蟲害防治和消毒……三七
觀賞用的陳列法……四一
第二章　培養盆栽的基本知識和技術……四三
種木的選定……四四
樹形和盆的搭配……四七
角色枝和忌枝……五一
改植成功法……五五
應準備的工具類……五九

紮線方法……六一

第三章　造成盆栽風格的整姿和修剪……六五

摘芽方法……六六

五葉松、黑松、蝦夷松、栂、米栂、杉、杜松、真柏、欅等

修剪時期和實際……八二

黑松、蝦夷松、栂、欅、楓、蘇羅、木瓜、長壽梅、火棘等

松柏類葉子的管理……一〇八

雜木類的刈葉……一一三

改作法……一二二

舍利和神的作法……一二四

第四章　各種盆栽的培養法……一三一

黑　松……一三二

五葉松……一三九
真柏……一四五
杜松……一五一
蝦夷松……一五七
紅葉（槭）……一六二
櫸……一六七
山毛櫸……一七五
楓樹……一八〇
梅樹……一八五
海棠……一九三
花梨……一九八
木瓜……二〇三

適合盆栽的樹種

・松柏盆栽

黑松、五葉松、八纓五業松、蝦夷松、八纓蝦夷松、真柏、杜松、杉、錦松、紅松、翌檜、檜、日本紫杉、唐松、栂、米栂、伽羅木、扁柏、筑雲檜。

・雜木盆栽

槭、櫸、山毛櫸、楓、蘇羅、姬夏山茶、檉柳、櫨、銀杏、朴、柳、衛茅、臘櫸、七業楓、桑、皺葛、葛。

・花類盆栽

梅、垂梅、櫻、藤櫻、五月杜鵑、杜鵑、木瓜、草木瓜、長壽梅、海棠、百日紅、花石榴、梔子、藤、山茶花、山查子、石南花、土佳水木、合歡、馬醉木、萩、木蓮、辛夷、薔薇、茶樹、連翹、臘梅、芫花、四手櫻。

・果實盆栽

花梨、檀、常盤山查子、落霜紅、蘋果、小姓落霜紅、果實海棠、果實山查子、果實石榴、柿、金桔、紅紫檀、辛夷、梨、毛櫻桃、美男藤、日本莢蒾、南天桐、結子銀杏、琉璃瓢箪、果實梔子、伏牛花、莢蒾、熊柳、水蠟、一歲桔子、黃鶯藤、金柑、枸杞、茱萸、栗、桑、權萃、李、南蛇藤、棗、花楸樹、南天、錦木、佛手柑、文旦、通草、紫珠、香櫞。

第一章
盆栽最佳日常管理法

放置盆栽、培養盆栽的地點

放置盆栽的理想場地，應該是向南而通風良好，最好整天都有陽光的地方。日照時間，在春、秋應有四至七小時，冬天也要有三、四小時。

盆栽場中樹種的排放法

那麼上述放置場地中，那些樹種應該放在那些部位呢？松柏類應放在最向陽的地方。其次就是花類或果樹類。雜木類一般都放在可以遮西陽的場所。

春秋間的放置場所

前面已說過。院子的話，設培養棚或培養台，把盆栽放在上面培養，如二十七頁圖。

屋頂的日照特別好，缺點是通風太好反而不宜，至少在北方一邊用葦簾圍起

春天到秋天的放置場所

✽庭院排放法

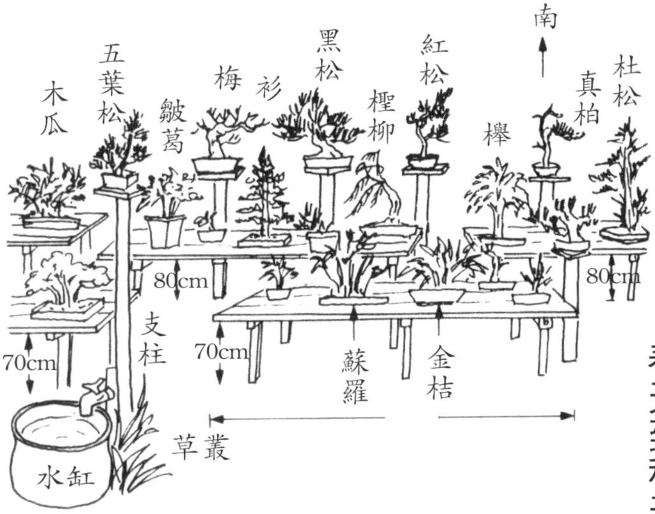

南
木瓜
五葉松
皺葛
梅
衫
黑松
檉柳
紅松
櫸
真柏
杜松
80cm
80cm
支柱
70cm
70cm
蘇羅
金桔
水缸
草叢

✽曬衣台排放法

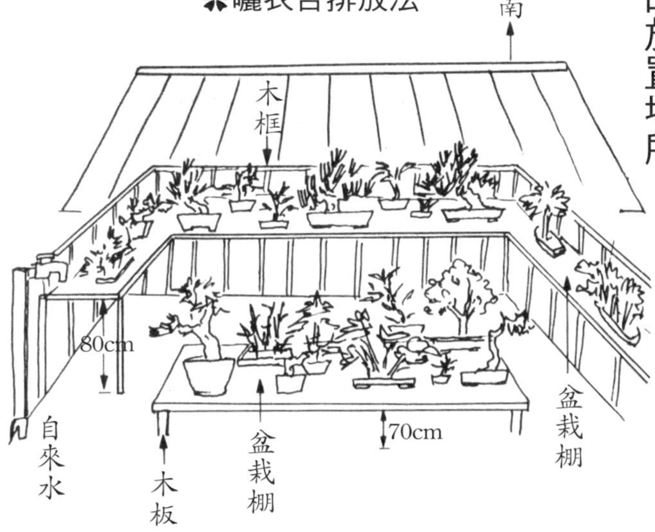

南
木框
80cm
70cm
自來水
木板
盆栽棚
盆栽棚

冬天排放場所

✽窖室內排放法

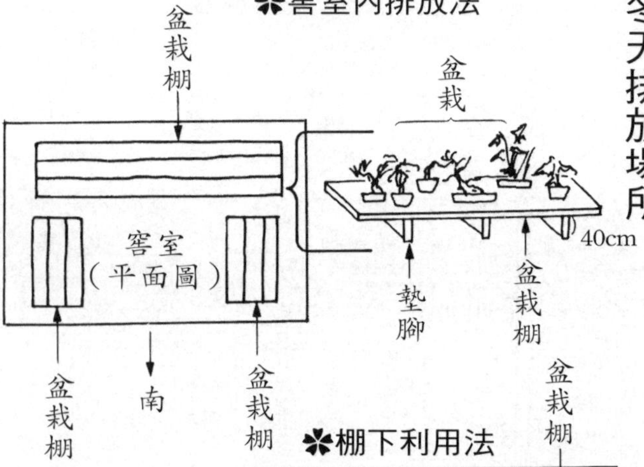

盆栽棚

盆栽

窖室
（平面圖）

40cm

墊腳

盆栽棚

盆栽棚

南

盆栽棚

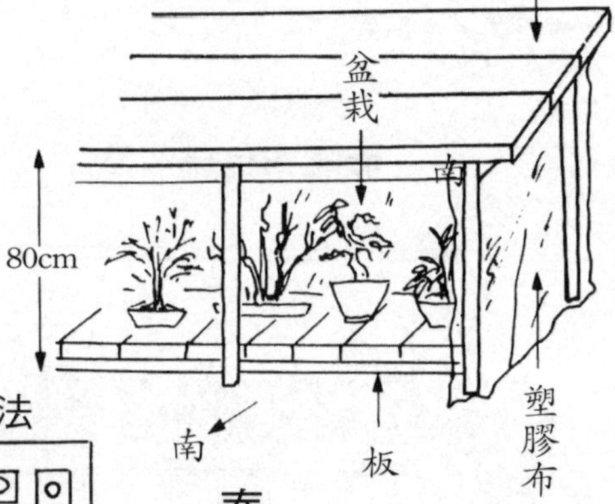

春天到秋天的放置場所

✽棚下利用法

盆栽棚

盆栽

南

80cm

南

板

塑膠布

✽陽台排法

南

盆栽棚

盆栽棚　盆栽棚（冬天利用做保護室）

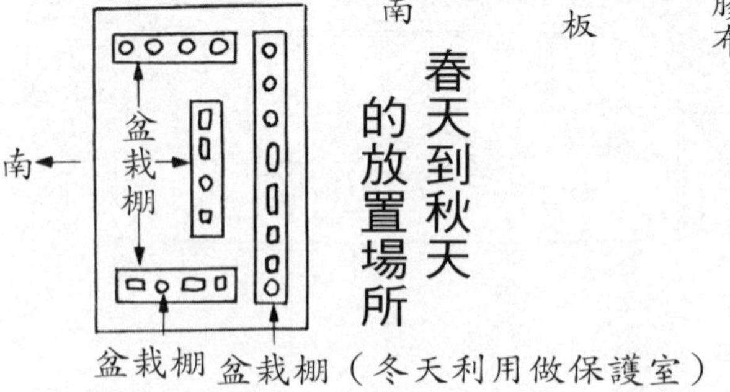

來，以防風勢過強。利用曬衣場做培養場所時，也可用和屋頂相同的考量。

冬天的放置場所

十二月下旬到三月上旬之間，雜木類宜收藏於窖室內或利用培養棚下面做成的保護室內（二十八頁），以防冷風、霜、雪的侵襲。合歡、石榴、金桔、皺葛應先收起，其他雜木類也在十二月中、下旬中收藏完畢。梅樹在收藏之前先凍霜，就會開出好花。松柏類、五月杜鵑類則不妨放在戶外。屋頂或曬衣場的冬季管理，則臨時設置保護室，收藏於保護室內管理，如二十八頁圖。

如何做好澆水

水和澆水工具

盆栽用的水最好用存水，不過事實上多半都直接用自來水。由於水之於盆樹猶

如食物之於人類，因此需每天巡看，如發現表土呈白色，即八、九分乾時，要充分澆水，其程度以水從盆孔溢出為原則。

不論樹的種類，澆水時應使用澆水壺（如露）或附蓮蓬頭的水管，如三十一頁圖。蓮蓬孔盡量細，最好是三百至四百五十洞左右，因為太粗的話澆水時盆上的土會跑出盆外。

澆水次數標準和澆水時刻

大型盆栽和中型盆栽的澆水次數標準，春、秋是一天一～二次，夏天是二～三次，冬天則以三天二次為標準。至於澆水的時刻，春、秋是上午十點到下午五點之間，冬天是在上午中。在晚春至晚夏的時季，則不論樹種，在旁晚或夜間再澆一次葉水。這澆葉水除增強發育之外還有清除葉面的功效，可使得盆栽更漂亮。

各種樹類澆水的秘訣

松柏類中特別耗水的是杉和杜松，宜稍微增加水量的是蝦夷松、真柏、黑松、

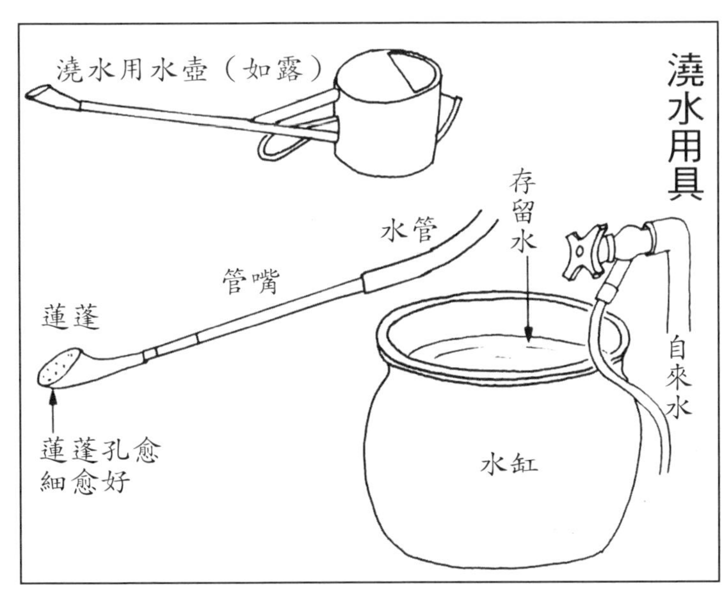

錦松，而五葉松和紅松則比較不需要水。

雜木中櫻柳、柳、葛的需水量比較多，其他樹種則照上述標準澆水次數即夠。

花類或果實類，普通比雜木類需要較多水量，尤其是像花梨類會結果的盆栽，從結子到熟果之間絕不可缺水。不僅缺水，假如普通盆栽的澆水量為十的話，結實盆栽則需要十二，亦即需多澆二成左右。

缺水時會發生落果，果實長不大，果實顏色不鮮麗等，無法得到盆栽應有之美。

澆水方法

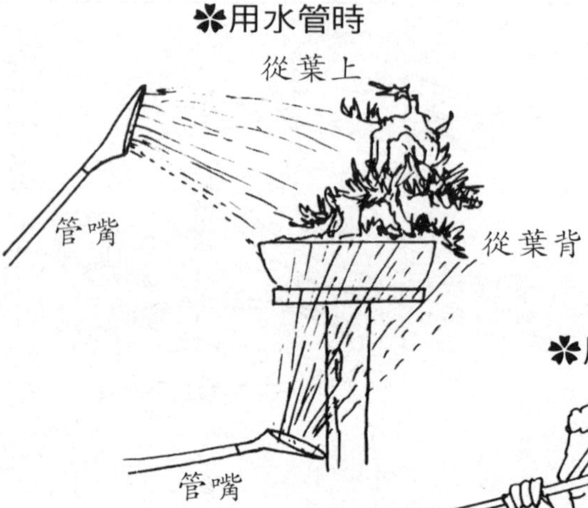

✽用水管時

從葉上

管嘴

從葉背

管嘴

✽用水壺時

從葉上

果實盆栽的澆水

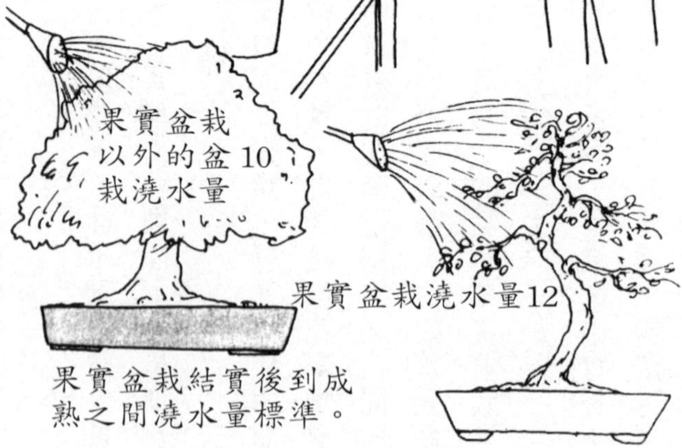

果實盆栽以外的盆栽澆水量 10

果實盆栽澆水量12

果實盆栽結實後到成熟之間澆水量標準。

不論種樹，改植後的乾燥特別厲害，此外樹勢良好的也容易乾燥。相反地，樹勢不好的就不易乾燥。澆水時應考量這些因素而細心照料。

小品盆栽的澆水標準

小品盆栽的盆器較小，因此澆水量也需比較多。澆水標準是春、秋一天二次，夏天一天三～四次，冬天則二次或每天一次。因樹種之差的澆水量差異和大型盆栽大同小異。

肥料種類和施肥法

肥料的種類

為促使盆樹的健全發育，必須及時施肥。植物所需的養分中，以氮、磷、鉀特別重要，因此叫做肥料三要素。

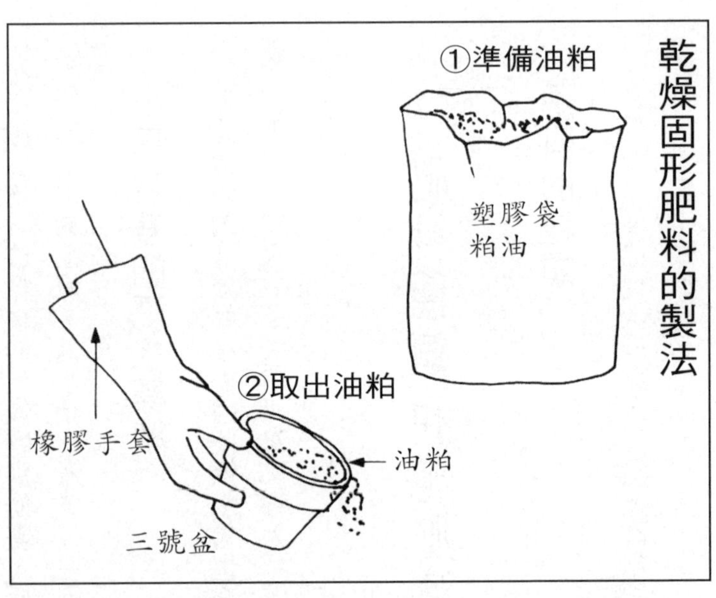

氮的作用是促進莖和葉的發育；磷則是強化莖葉，防止落花，而增加結實率；鉀則有強化植物體組織而增加抵抗力，且有增加花的光澤和香氣的作用。

肥料有天然肥料和化學肥料之別。屬於前者的是油粕、骨粉、魚粉、灰類，後者是以化學成分調配的。從形態上可分為固形肥料、液體肥料、粒肥料等。

依樹種的施肥方法

松柏類的肥料，不宜用速效性肥料而應使用遲效性的。因此，油粕最

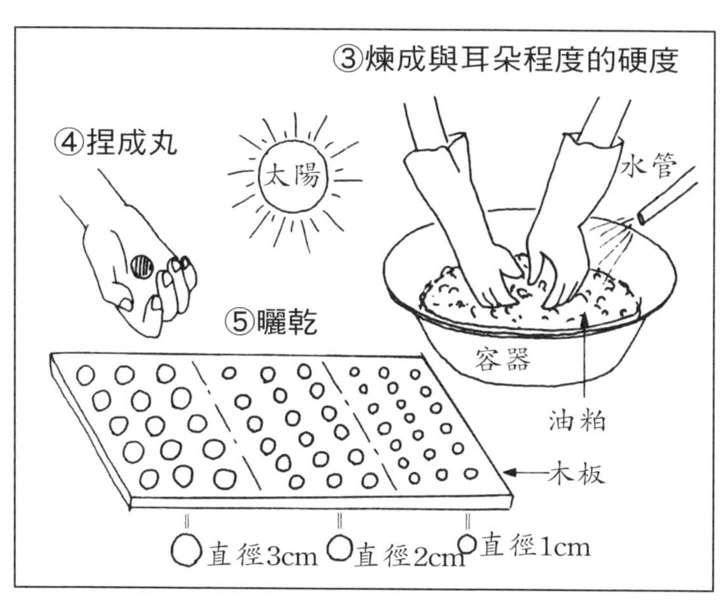

適合這目的。

油粕丸可以自製。就是把油粕粉加水捏成差不多耳朵的硬度，作成直徑一～三公分的油粕丸，然後曬乾約十天則成。

在三月下旬到十月中旬之間，把這油粕丸放在盆上四～七個（視盆和樹的大小而定），施放次數是每月一次或二～三個月一次。放置的地點最好在盆的邊緣，以等距離排上，而放在與上次不同的地方。

松柏和雜木盆栽主要用捏成丸形而乾燥的，對於花類、果樹盆栽則用油粕七～八，骨粉三～二，草木灰少

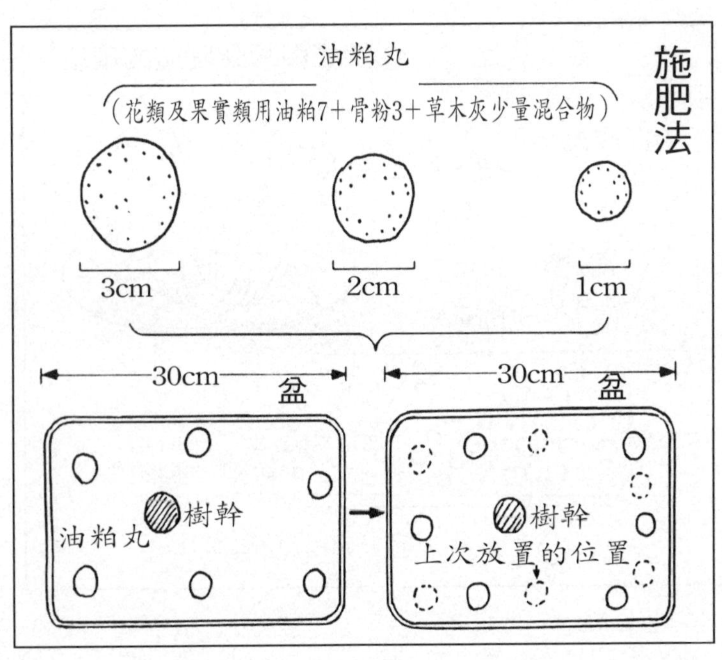

許的混合物捏丸乾燥的固形肥料。加骨粉及木灰的目的是防止落花和促進結實。不過，對果樹盆栽，在結實前施肥時，有時會發生落果，這一點需注意。

施肥的時期

施肥時期在春天三、四、五、六月和秋天的八、九、十月。在上述月裡每月施肥一次。施放量視盆的大小和樹勢而定，大約標準是對長方型盆長邊三十公分的放置乾燥的直徑二～三公分油粕丸四個，如上圖。

秋肥的施肥量應多於春肥，假如春肥量是八時，秋肥應用量是十。因為這樣可充實結果，另一方面對於即將進入冬眠的盆樹補給養分，讓它貯蓄明年春天所需活力。至於冬肥，一般認為如果秋肥充足是不需要的，不過，在冬天不發生凍冰的地方，不妨施放少量。

施肥秘訣

施肥的秘訣是：對年輕樹放多些，對古木則少些。

病蟲害防治和消毒

病蟲害防治的秘訣

預防蟲害上最重要的是不斷觀察盆栽，早期發現異常而採取必要措施。一方面切實管理，使得樹勢旺盛，也是預防法之一。尤其對於新購進的盆樹應加倍照料，

以免受害。

消毒時需注意的重點有二，第一，盆內乾燥時不可做消毒，因為這樣常常使樹葉燒焦。第二是有毒時不只對葉表面灑藥水，也要對葉背充分灑藥。

此外，藥劑撒布應避面有強風時或陽光強時，宜在傍晚時刻實施。

害蟲和防治法

蚜蟲對幾乎所有的種樹都會寄生，尤其對雜木、花類、果實樹有特別嗜好，喜歡吃新芽。防治法通常用馬拉松、土密松等的一千五百倍至二千倍稀釋液，在四天中撒布一、二次。

紅蝨常發生於五月杜鵑、黑松、杉、杜松等，防治法也是用馬拉松等的一千五百倍至二千倍稀釋液。如在一～二月間撒布石灰硫黃合劑的二十～三十倍液，則可預防紅蝨。

貝殼蟲喜歡雜木及花類的樹幹，棉貝殼蟲則常發生於五葉松和黑松。貝殼蟲可用刷子刷落殺滅。撒布石灰硫黃合劑的三十～四十倍液，對兩種貝殼蟲都有防治和

預防的效果。

喫芯蟲對五月杜鵑的新芽或花蕾為害，防治法是在七月至十一月之間，每十天一次撒布士密松的稀釋液，稀釋程度依照說明書則可。可能的話，用注射器注入殺蟲液於孔內，外面再用歐開絆封住，其效果更佳。

軍配蟲會群生於五月杜鵑的葉背吸食葉汁。對這害蟲凱爾生死劑和粒劑是特效的。

貝殼蟲、棉貝殼蟲、紅蝨、軍配蟲的防治及預防宜於一～二月間，撒布石灰硫黃合劑的三十～四十倍液。

消毒用具和消毒方法

病害和防治法

在梅雨季節常發生黑斑病、麵粉病、紅星病、業篩病等病害。防治法通常用太生的一千至二千倍稀釋液。

根頭癌腫病是多發生於玫瑰及木瓜類的病害，根部發生腫瘤，放任就會枯死。在改植時浸於鏈黴素一千倍液，就可預防，如已發生則把病變部位割掉。

觀賞用的陳列法

陳列的基本

陳列盆栽時背景掛山水畫或花鳥畫，左右則配以盆栽、水石或草本盆栽。有時陳列在屏風前面。

無論如何，除陳列的主木盆栽之外，應配以水石或草木盆栽（有時多達三～五

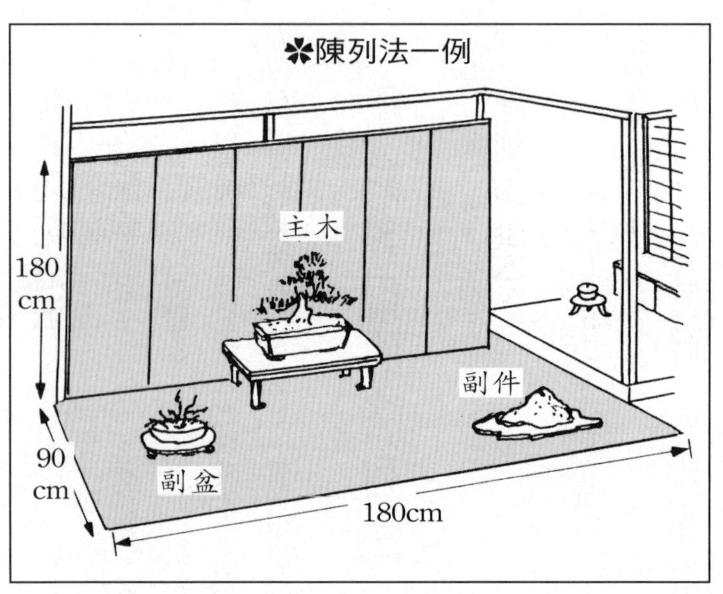

點），各盆之間留適宜距離，以期顯現出最大陳列效果。

觀賞的樂趣

心靜氣平面對盆樹，可以說只有喜愛盆栽的人才能體驗到的樂趣吧！

第二章 培養盆栽的基本知識和技術

種木的選定

種木和購進種木的適當時期

種木就是用於培養盆栽的原樹，自家繁殖的、市上所售的，或就地採取的都可以用來做種木。

購進種木最好在春天移植前。但是果樹類及花類則務必在有花、有果時買進，在次一年春天改植，這樣對開花情形和著果狀況比較清楚。

優良種木的條件

根部伸張良好的……就是根向四方伸出而數目多的。

樹幹良好的……從樹基直立的樹幹需樹基粗而向上漸漸變細，且具有所希望的樹形的原型。

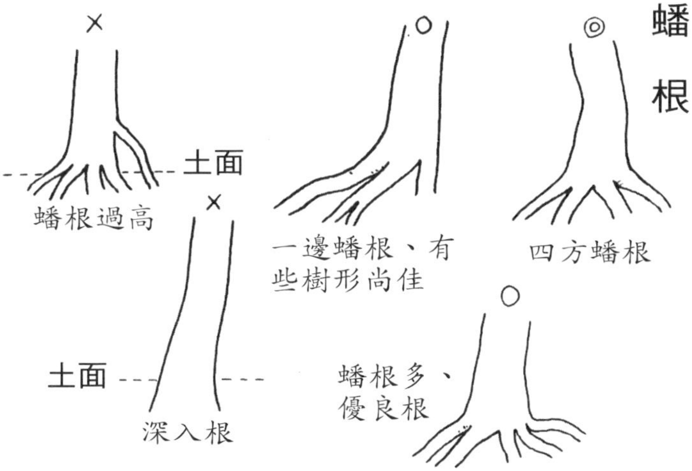

蟠根

×
土面
蟠根過高

○
一邊蟠根、有些樹形尚佳

◎
四方蟠根

×
土面
深入根

○
蟠根多、優良根

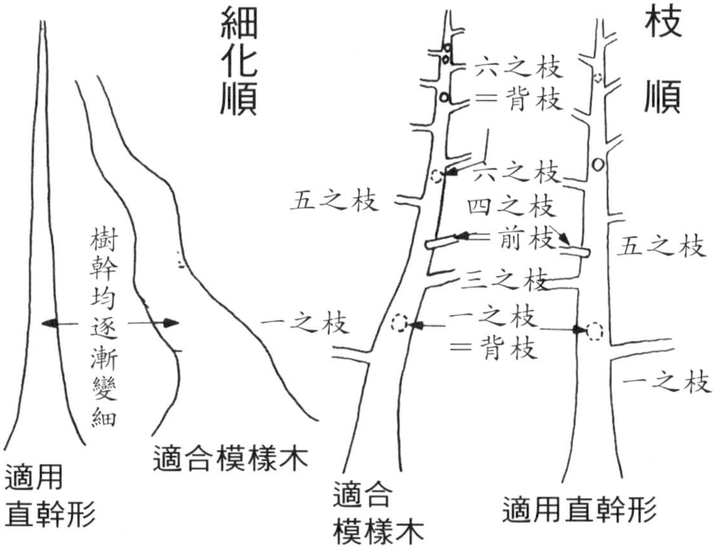

細化順

樹幹均逐漸變細

適用直幹形

適合模樣木

枝順

六之枝＝背枝
六之枝
五之枝
四之枝＝前枝
三之枝
一之枝
一之枝＝背枝
適合模樣木

五之枝
一之枝
適用直幹形

起立形

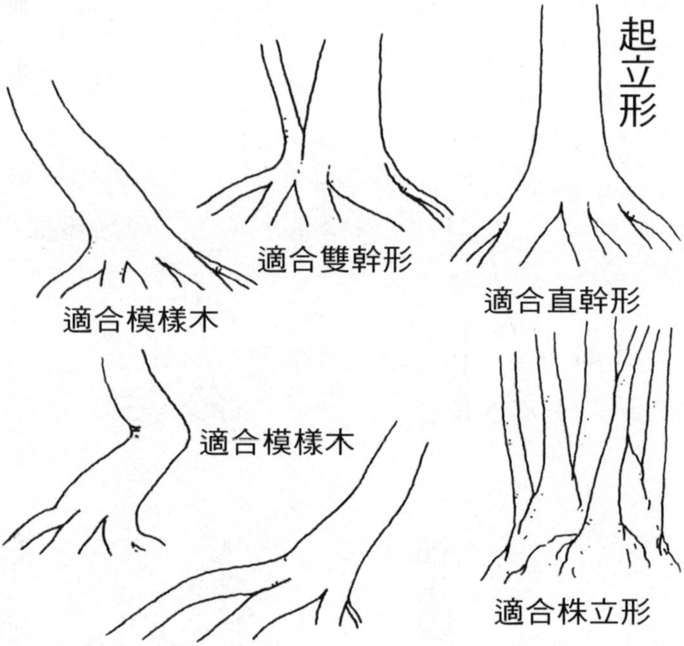

適合模樣木

適合雙幹形

適合直幹形

適合模樣木

適合株立形

適合懸崖形

葉性

例：五葉松

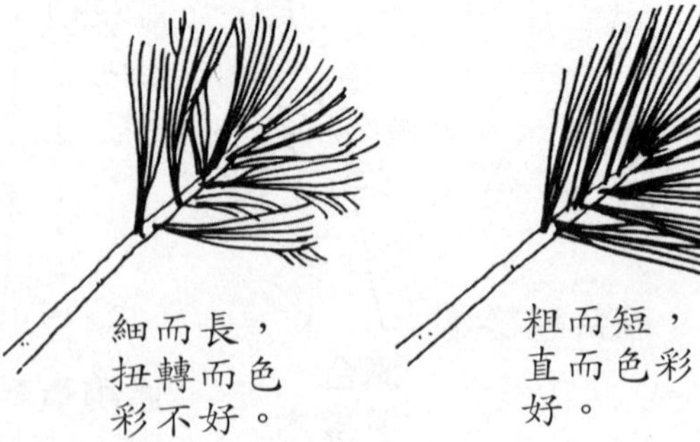

細而長，扭轉而色彩不好。

粗而短，直而色彩好。

瘦化良好的……就是樹幹順著樹芯方向漸細的。

枝順好而且枝數多……樹枝互相伸出，而下枝粗而長，愈往上方漸變細而短，並且向四方伸出的叫做枝順好。至於枝數多則照字面的意思。

葉性、皮性好……葉子粗而短或直而密叫做葉性好。皮性好就是指明白顯現出該樹的皮相，一般來說樹皮顯出細緻花樣的較好。

樹形和盆的搭配

樹形和盆

樹形……盆栽的樹形有直幹，模樣木、雙幹、懸崖、斜幹、蟠幹、株立、連根、文人木、半懸崖、蟠石、三幹等。（參照四十九～五十頁）

盆……盆的形狀有長方、細長方、正方、橢圓、圓、木瓜式、六角、輪花、手扭等。顏色有白（白泥）、黑（黑泥）、綠（綠泥）、朱（紅泥），紫（紫泥）、

桃（桃花泥）、紅（紅泥）、灰（烏泥），施釉藥的則有朱、紅、紫、瑠璃、黃、綠、淺藍、藍、白等。

松柏類和盆的搭配

對於聚植、連根、吹筏或株立，使用面積大的薄盆比較恰當。直幹、雙幹、模樣木、斜幹、蟠幹等單棵樹型則使用有深度而面積大的長方形或橢圓形盆。懸崖或半懸崖，應使用深盆或中深盆或圓形或正方形下方盆，以利保持平衡感。至於文人木或吹流（風牖）則多半用比較淺的南洋盆或圓形盆。

抱石盆栽有附於石頭種於盆的和僅附帶於石頭的，後者一般使用水盤或銅盤，而用橢圓形或長方形的淺水盤或銅盤。

雜木類和盆的搭配

細幹盆栽用白交趾、青交趾、鈞窯等薄橢圓形或圓形盆時最具平衡感。粗幹盆栽則用中深長方形、橢圓形、正方形盆來強調其重量感。

樹形和盆的種類

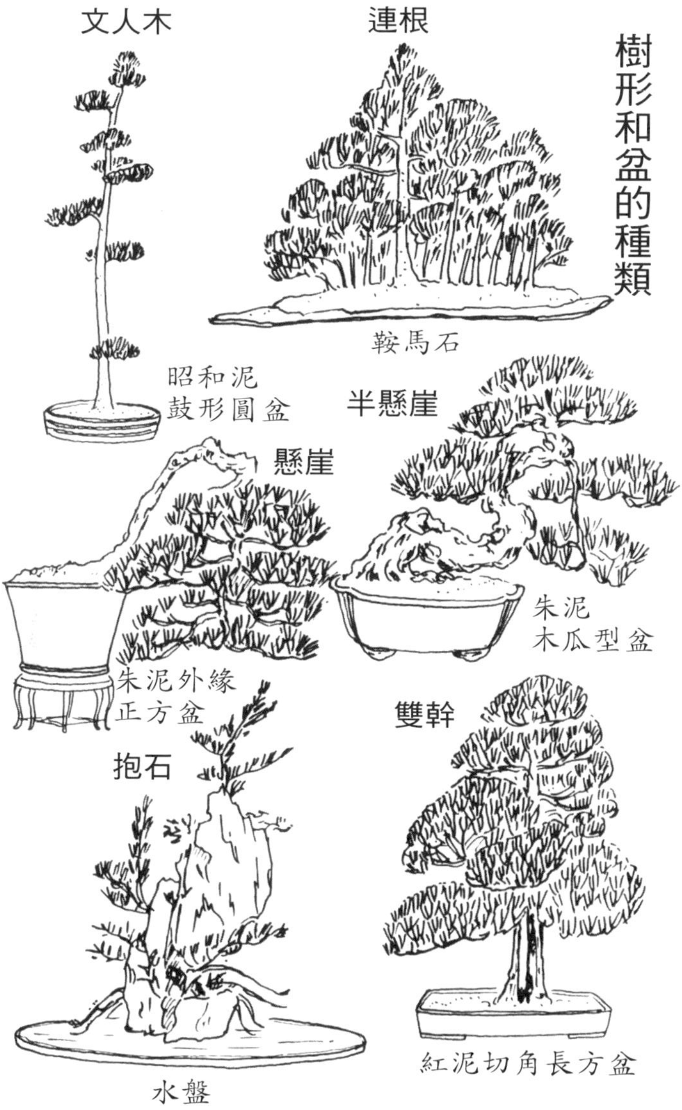

文人木

昭和泥
鼓形圓盆

連根

鞍馬石

半懸崖

朱泥
木瓜型盆

懸崖

朱泥外緣
正方盆

雙幹

紅泥切角長方盆

抱石

水盤

樹形和盆的種類

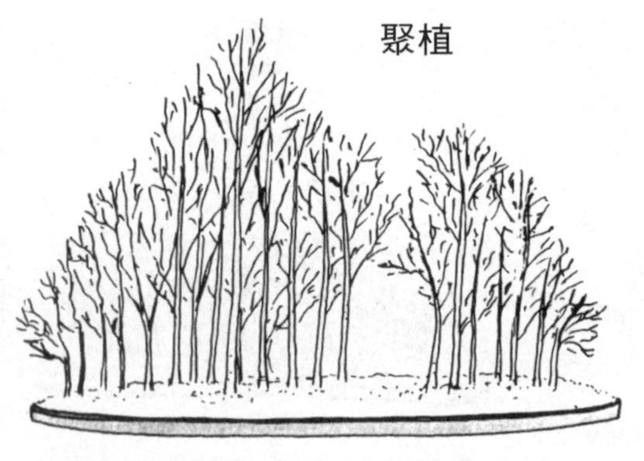

和烏泥峭立橢圓盆

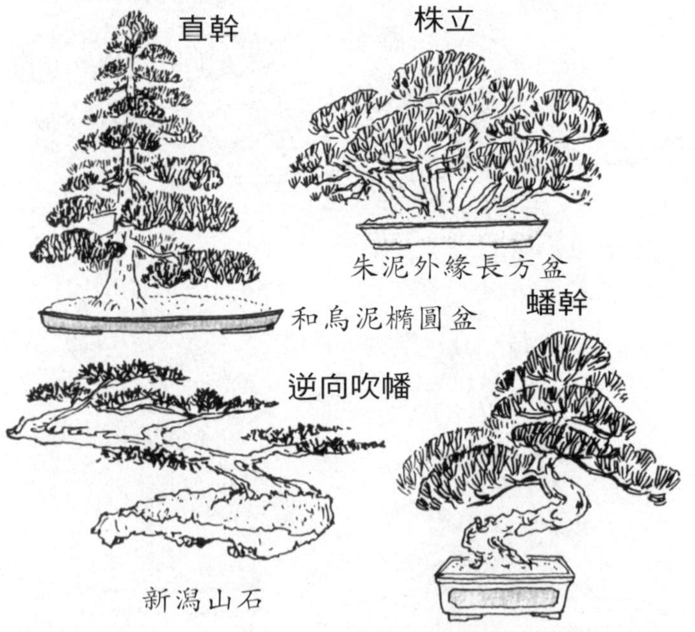

綠泥外緣正方盆

角色枝和忌枝

角色枝

在構成一個盆栽的樹姿時扮演重要角色的樹枝，總稱為角色枝。最理想的情形是每一樹枝都是角色枝。

一之枝……最下面的樹枝。是下枝之一，有力量而統合樹姿的重要樹枝，又稱受枝。

二之枝……由下算起第二個樹枝，樹枝中最長，又叫差枝。

三之枝和四之枝……由下面算起第三及第四支樹枝，介於上枝和下枝之間，通常用這些作成前枝或背枝。

五之枝和六之枝……是所謂上枝的樹枝。

芯……又叫頭或樹冠，是盆樹的頂點部分。

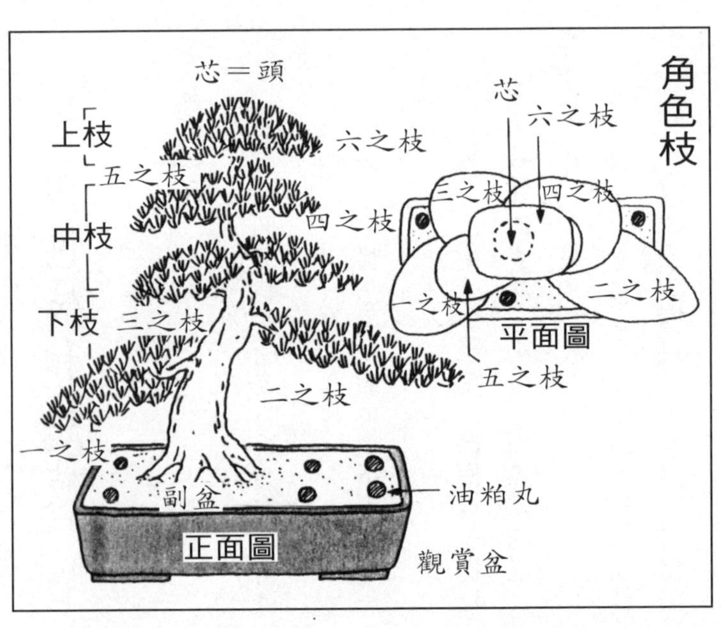

前枝和背枝……從正面看盆樹時突顯於前方或背面的樹枝，對盆樹賦予深度和立體感的部分。

利枝……主要指受枝及差枝而言，是構成盆樹樹姿時最重要的地點。通常以下枝的二之枝來擔當利枝的角色，視其突顯方向，種樹的位置也不同。假如利枝突出於左邊時，左邊空間要多留，突出於右邊就多留右邊空間。

如上述，每一樹枝都有它的角色並且相得益彰。此外，松柏盆栽或梅樹盆栽有一種叫做「神」（或舍利）的部分。「神」就是枯

枝之謂，象徵著耐風雪生活過來的古色古香風趣，有時以不要枝故意做「神」使用於盆栽。

忌枝

令人討厭的樹枝的總稱。培養盆栽時，除非有特別意圖，通常需割掉忌枝全部或其中一支，甚至二～四支。

車　枝……從一處以放射狀伸出多支的樹枝。

閂　枝……由同一處伸向左右或前後的。

重疊枝……在同一方向密密重疊的。

纏繞枝……纏繞於主幹或主枝的。

突　枝……向盆樹前面突出的樹枝。

懷　枝……在樹幹或主枝的彎處內側突出的。

蛙　叉……形成蛙狀的樹幹或樹枝。

忌枝

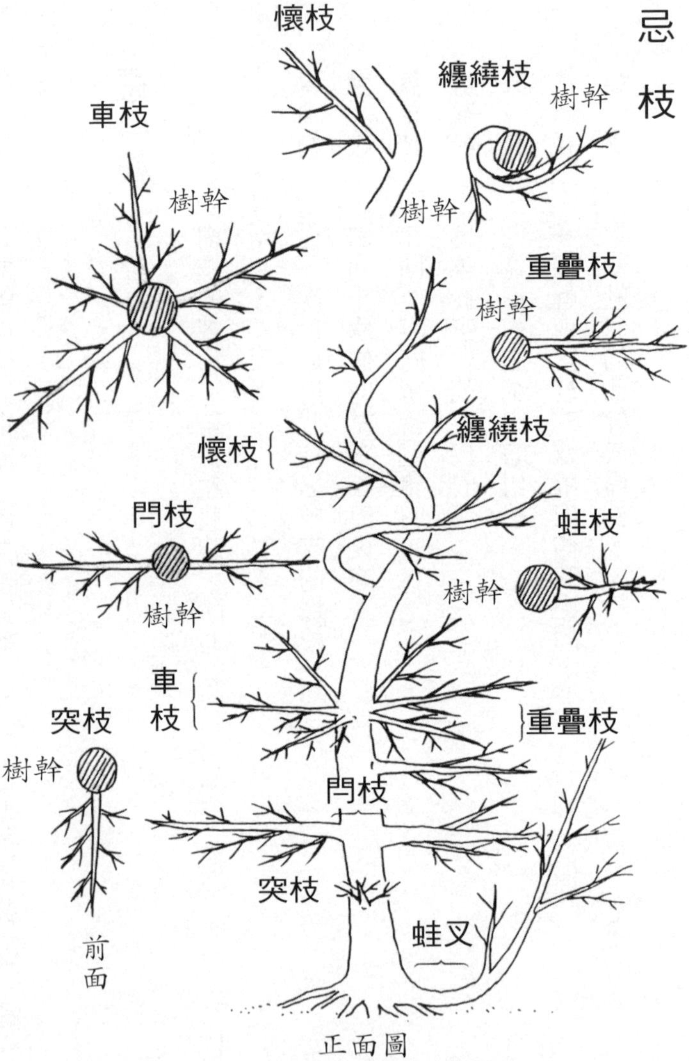

懷枝
纏繞枝
樹幹
車枝
樹幹
樹幹
重疊枝
樹幹
纏繞枝
懷枝
閂枝
蛙枝
樹幹
樹幹
車枝
突枝
重疊枝
樹幹
閂枝
突枝
蛙叉
前面

正面圖
（◎枝是平面圖）

改植成功法

盆栽的改植，就是把種植於盆中的盆樹移植於另一盆，或重新種植於原盆。

改植的目的和事例

1. 目的……

長久培養盆樹於同一盆中，根會蟠居於盆內，使得澆水的浸透惡化，甚至無法吸收水分，一方面招致營養分不足而至盆樹枯死。

因此，需及時改植，換新土壤，鬆開樹根而給盆樹重新獲得活力。

2. 事例……

①從苗圃改植於培養盆。②從大盆分植於小盆，或從小盆改植於大盆。③從培養盆改植於觀賞盆。④從觀賞盆改植於觀賞盆。⑤從搭配不好的盆移植於搭配良好的盆。

改植時期和次數

時期……因樹種或地區而異，但一般以春分前後和秋分前後為宜。春天改植時期正是盆樹自長期冬眠回醒，開始活動，而開始發芽的時候，最適於改植。

次數……以盆中的土硬化而水的浸透變難時為目標。松柏類大約每二～五年一次，雜木、果實盆樹、花類盆樹則每一～三年一次為目標。

改植場所、改植方法及改植後的管理

場所……實施改植作業的場所需陰涼，最好在沒有風時作業。

方法……請參照五十七～五十八頁圖。

管理……在四～六月及九～十月改植，可直接移放戶外棚上培養管理。

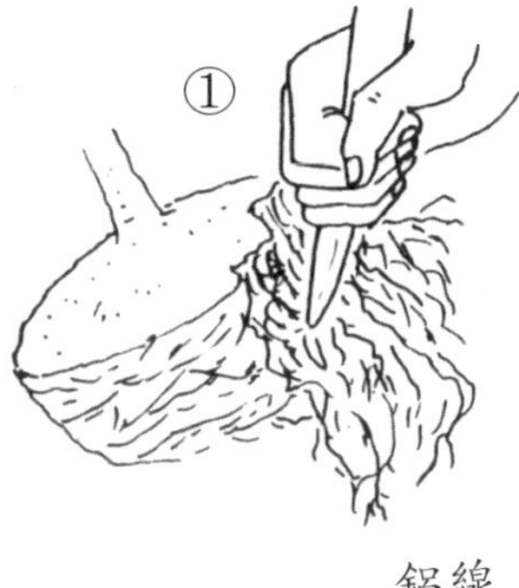

拔出盆樹後用筷子削落原土一半至五分之三露出根。

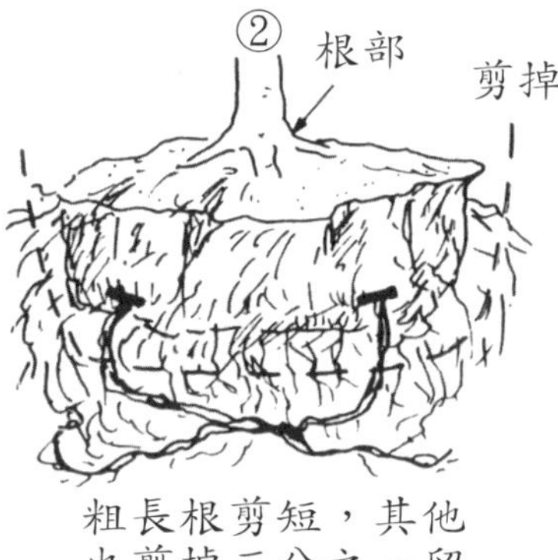

粗長根剪短，其他也剪掉三分之一留下部分無土的根。

放網於盆底排水孔，通鋁線。

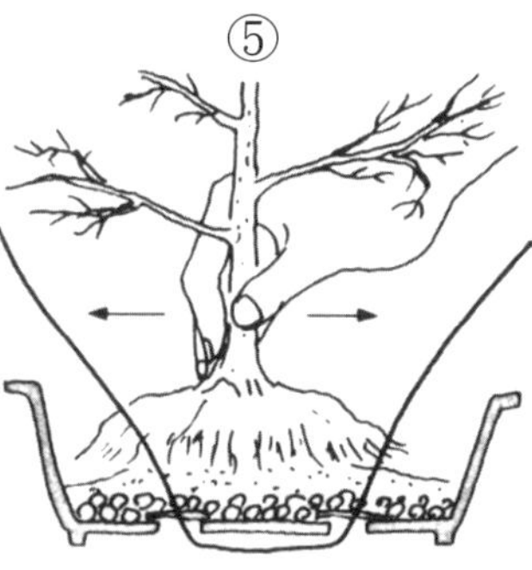

根部置於堆高之土上，前後搖動促使土進入根之間，使培養土和根適應。

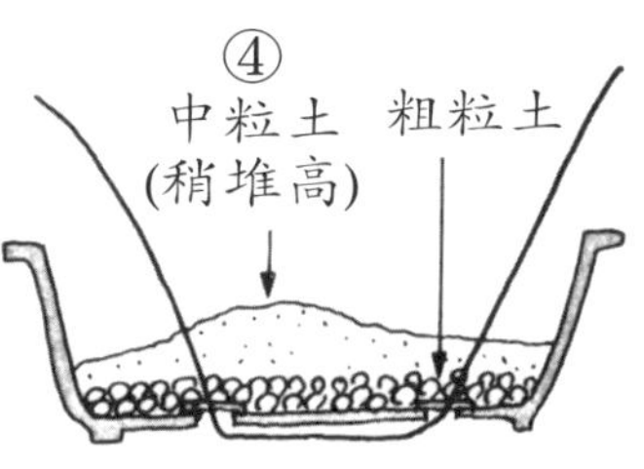

底下放粗粒土二、三公分厚，再放中粒土，中央堆高。

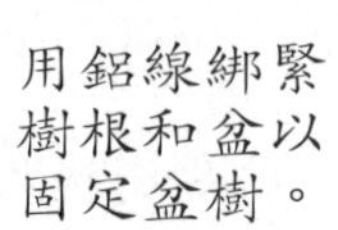

用鋁線綁緊樹根和盆以固定盆樹。

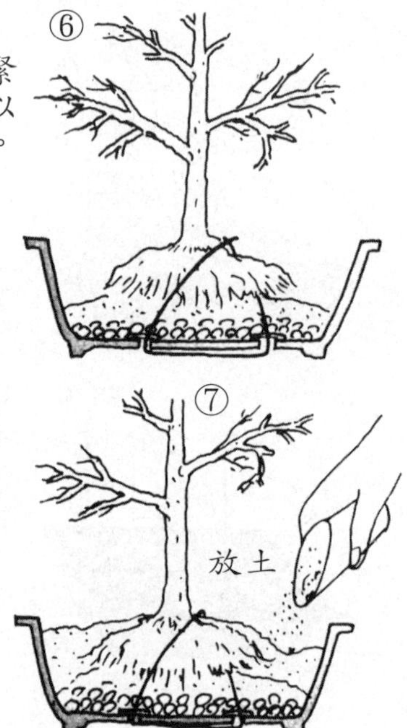

用筷子串動使土能平均鑽進根之間。

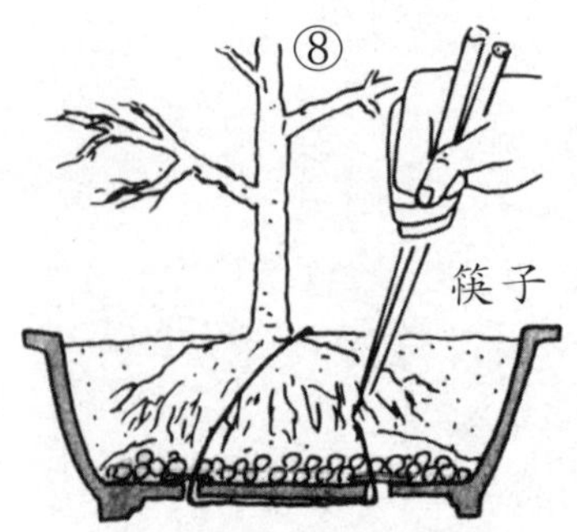

用筷子串動使土進入根間，露出根頭。

鋪上一公厘左右的化粧土，用棕把拉平。

移植完畢後在不沖掉化粧土的情況下充分澆水，放入陰涼處約半天。

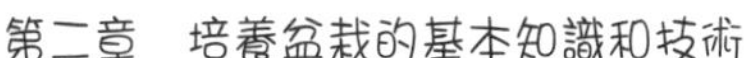

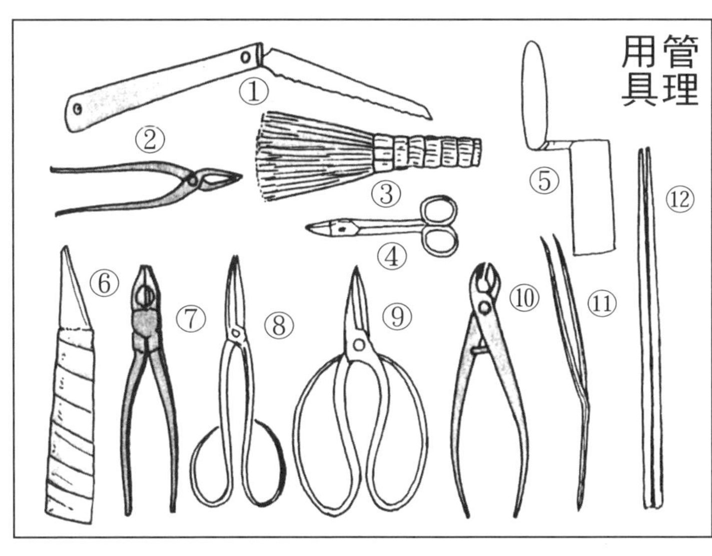

應準備的工具類

培養盆栽時最低限度需具備的工具類如下：

保養用具和用途

①鋸子（鋸斷粗幹、粗枝、粗根）。鉗子（勒緊鐵絲、鬆開鐵絲）。棕掃把（拉平盆栽表土）。④小剪刀（切斷細鐵絲）。⑤抹刀（壓表土）。⑥小刀（剪枝後的切翻）。⑦鐵鉗（切斷粗鐵絲）。⑧修剪刀（修剪用）。⑨切根剪刀（切根用）。

水壺類

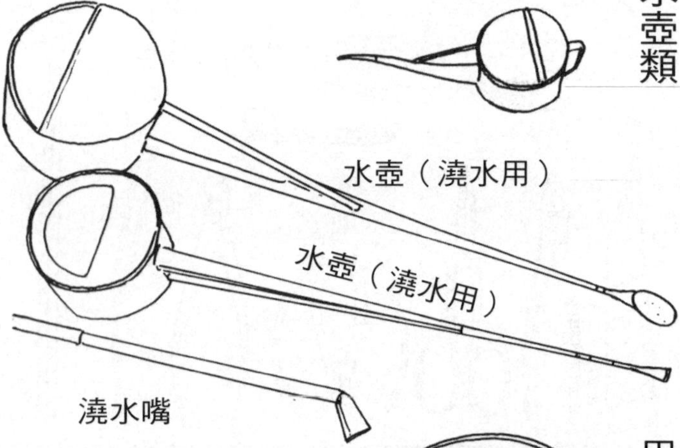

用具類

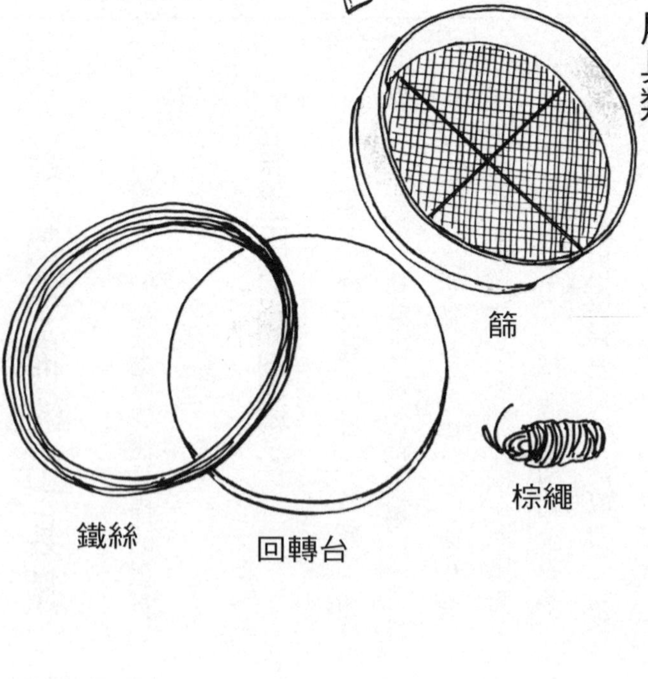

⑩剪枝刀（剪由樹幹突出的枝）。⑪鑷子（除草、鬆開根部）。⑫竹挾子（改植時把土塞進根與根間用）。請參照五十九～六十頁圖。

紮線方法

紮線的用意在於對盆樹紮金屬絲，以提升樹姿或造成將來所需的基本樹形。

金屬絲的種類和粗細

金屬絲有退火銅線或鋁線。各種盆栽、松柏、雜木、花樹、果實盆栽均用這二種線。

粗細則自最粗的八號線（直徑四㎜）至二十二號（直徑〇・七㎜）中間以偶數號碼分六種，共八種已足夠初學者使用。

紮線和卸線的時期和紮線法

紮線時期對松柏類盆栽

錦松十月中旬至十二月中旬，五葉松、黑松、紅松、檜木、蝦夷松在二月中旬至四月上旬，杉、杜松在五月下旬至七月中旬。真柏則除十二月下旬至二月中旬之外全年都可紮線。

紮線時期對雜木盆栽

雜木盆栽，包括花樹、果樹類，一般在發芽前，則在三月上旬至四月上旬間較適合。

當金屬線開始崁入樹皮時就要拆下。換句話說，應在不留線痕的時候拆下才是行家的作法。

至於實際紮線方法，請參照六十三～六十四頁圖。圖示以一條金屬線對樹幹、樹幹和樹枝、樹枝和樹枝、樹枝和小枝、小枝和小枝間的紮線方法。

對樹幹的紮線法

架二條時

一條不夠用時用二條向同方向紮線，上方三分之二以上部分則用細線。叫做追紮。

紮一條時

以盆中為起點，下方紮疏，上方紮密，上方三分之二以上則用細線。

對樹幹與樹枝的紮線法

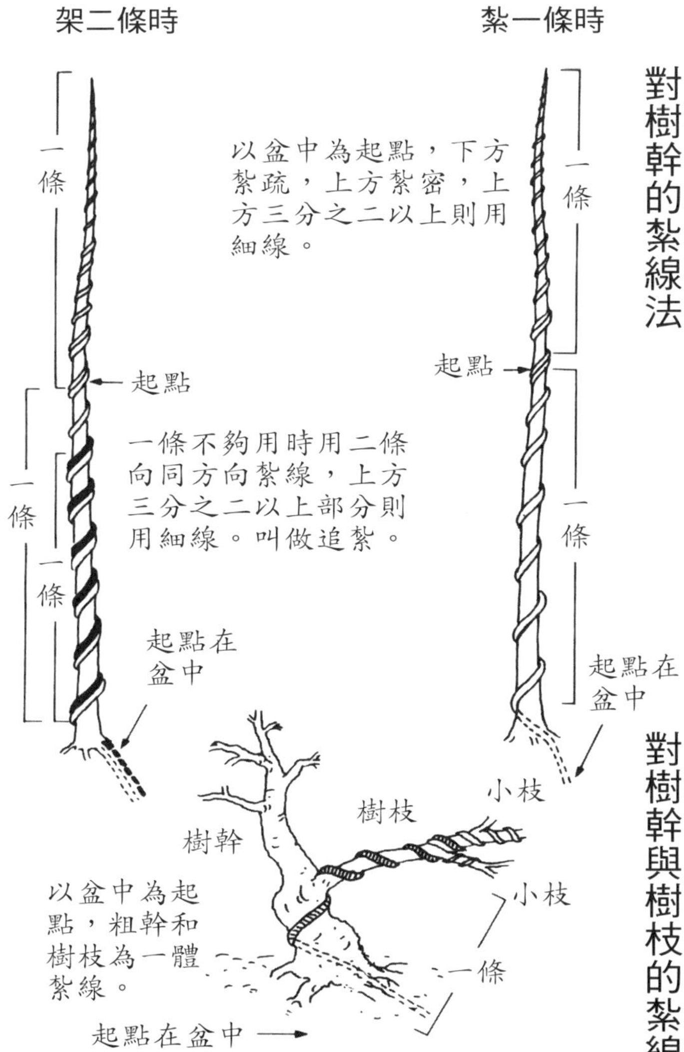

以盆中為起點，粗幹和樹枝為一體紮線。

樹枝間的紮線法

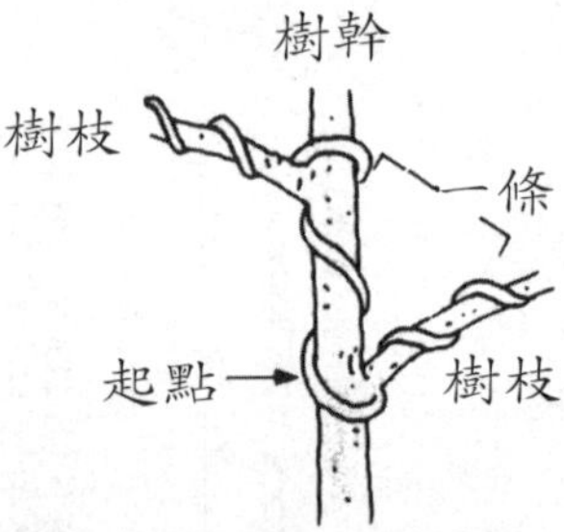

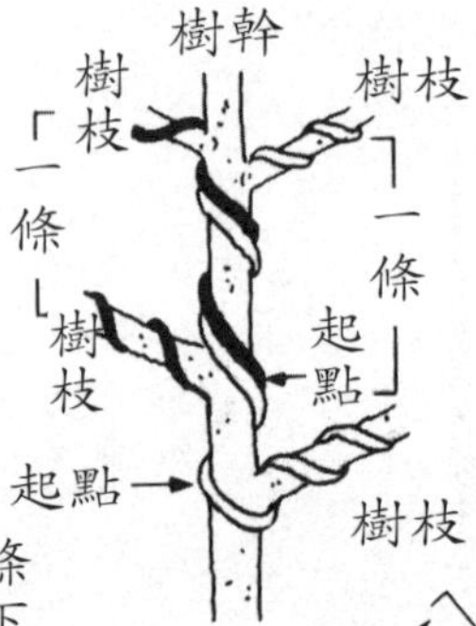

對粗細差不多的樹枝紮一條線。右圖是對同粗度的上下枝紮線之例。（起點應在背面，此圖係畫於正面）。

紮線整理

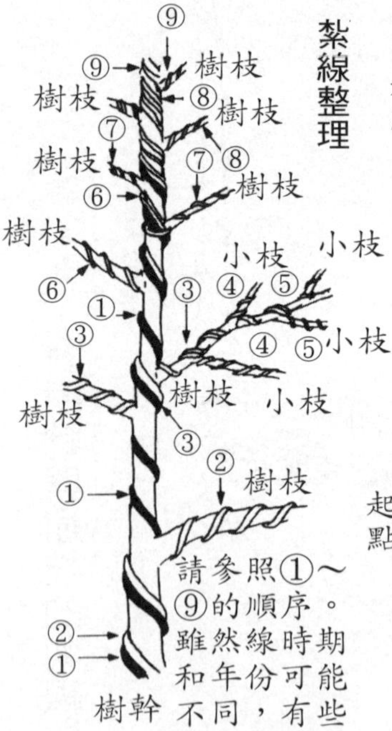

請參照①～⑨的順序。雖然線時期和年份可能不同，有些盆樹會紮這麼多線。

枝和小枝間的紮線法

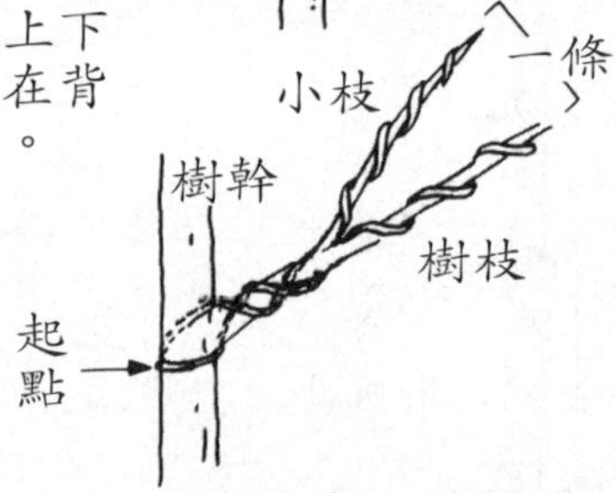

同粗枝與小枝間用一條線紮線。線端在背面而固定。

小枝和小枝間的紮線法

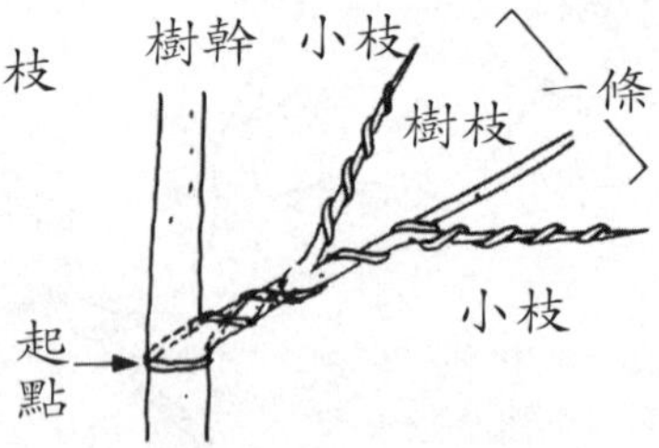

對同一粗度小枝間的紮線法。線末端和起點都應在背面。

第三章 造成盆栽風格的整姿和修剪

摘芽方法

摘芽是什麼?

摘芽也是修剪的一種，與剪芽不同的地方是摘芽乃趁新芽嫩軟時，用手指摘掉芽全部或一部分。

因此，四～五月間是松柏類的摘芽最盛期。雜木類的盛期則在三月中旬發芽後。至於其時期和摘芽方法，請參照六十九～八十二頁的圖詳解。

摘芽的目的

那麼，為什麼要摘芽呢?在天然環境生育的植物，不斷從大地中吸收營養，期以生長得更粗、更高。

儘管盆栽盆中的土壤為數不多，樹木還是由此補給營養。另外也用人工澆水、

施肥、曬日光和通風。因此，如果讓盆樹任意發育，它將會加粗，繁茂葉子，速度之快令人驚奇。

這種情形繼續幾年後，它將失去原有的盆栽樹形，至此變成一文不值的東西。因此，摘芽的總體上的意義可以說是在新芽還沒有十分伸長時摘下而維護盆栽的健全發育的作業。

此外，摘芽也可以藉此增加小枝或把枝尖力量平均化，追求平衡之美的效用。

摘芽的注意事項

摘芽時以全體樹形為基本考量，這是天經地義的。但是，最優先考慮的應是芽相。所謂芽相就是新芽長芽的部位和伸出的方向。

假如某一個芽正在企望的部位，伸長方向也恰合樹形，那麼這一顆芽就要留下來，否則這一棵盆樹將永久不成器。換句話說，當摘下某一顆芽或留下某一顆的標準應放在這一盆樹木其將來的樹姿。

另一個重點就是，不只摘下枝尖的芽，粗枝或中枝上的芽也要摘掉。假如粗、

中枝的摘芽做得不好，這一棵盆栽的通風不良，陽光無法照到，終於變為繁茂的圓狀。到這地步，病蟲害叢生，失去盆栽價值，由此可知粗、中校上摘芽的重要性。

最後，摘芽時務必注意不傷害留下來的芽，因為受過傷害的芽已不再復元。這種芽即使生長，也成畸型狀，葉端不齊，絕無雅觀可言。

摘芽後的管理

摘芽後的管理可照摘芽前的管理法實施。由於摘芽本來就是把強勢的芽去除的工作，施肥、澆水、日曬等工作可照原來的方法繼續。

在六十九頁以下的圖上沒有表明的松柏類的摘芽時期是這樣的。翌檜和檜是五～九月上旬，紫杉是五月、唐松是五月下旬，而扁柏和筑雲檜是六～九月。

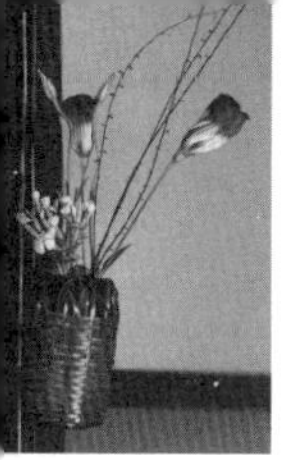

五葉松

樹冠部最容易長得特別強的芽的摘芽—4月上旬

特強勢芽＝蠟蠋芽

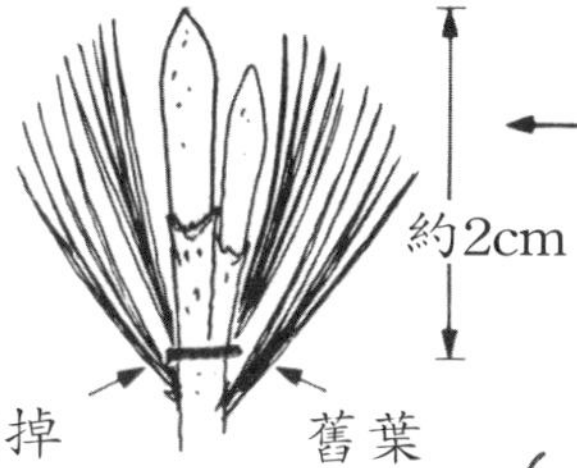

在伸出約2cm時，在舊葉境界的地方全部摘掉。

在中枝長出的強勢芽的摘芽—4月中旬

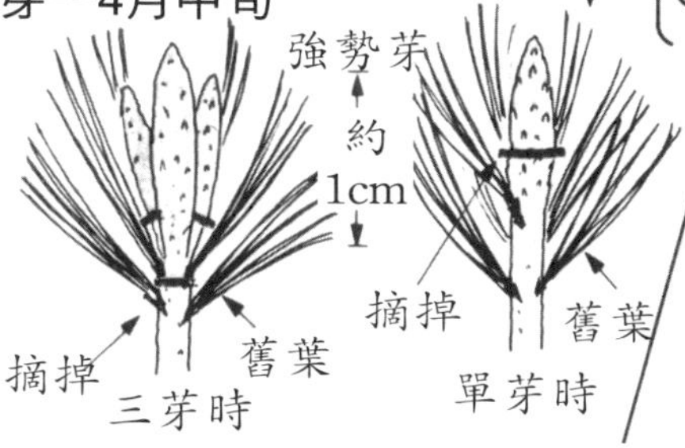

伸出約1cm時，留下少數葉芽，摘掉3分之2。

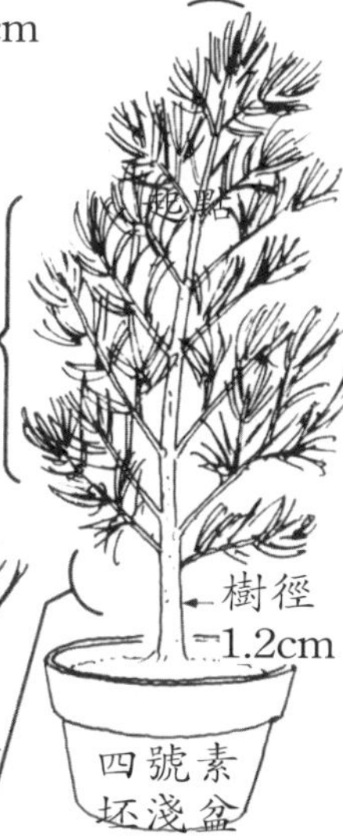

五葉松種樹

五葉松種樹，樹高31cm，根頭樹幹直徑1.2cm的五葉松模樣木。下枝還未成形，是將整理為樹形的幼樹。

下枝的弱勢芽

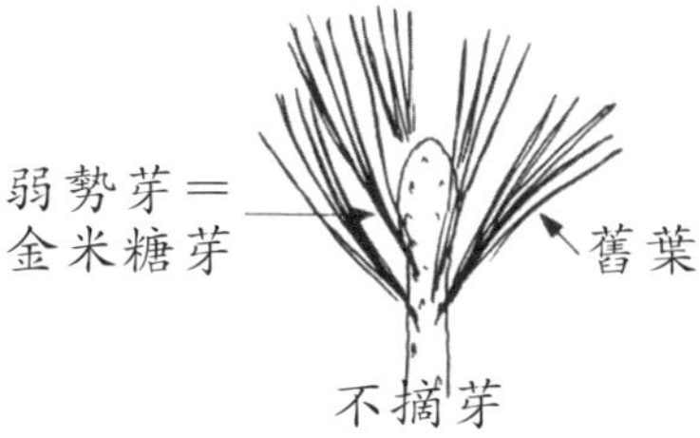

✽五葉松的中剪—5月中旬

（防止新梢節間的鬆開）

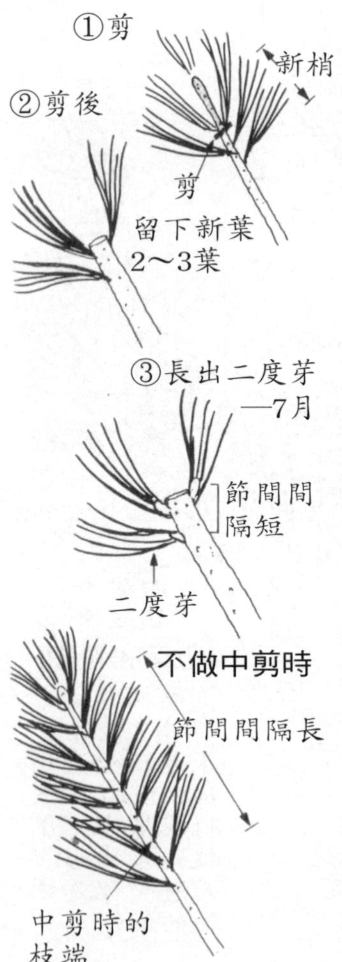

✽二度芽開始長出—5月

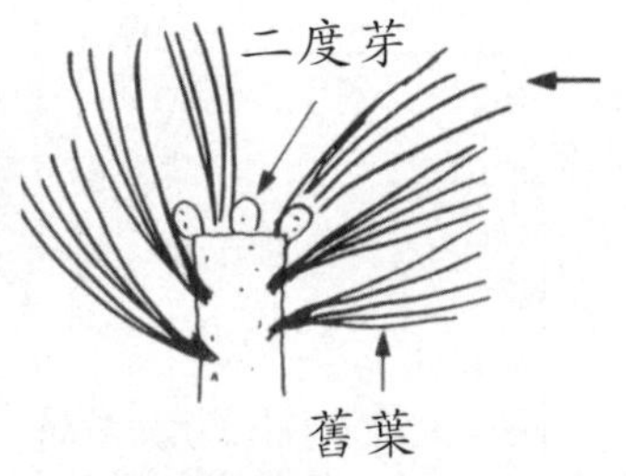

到5月會長出二度芽，這不太會伸長，因此不必摘芽。

摘芽法

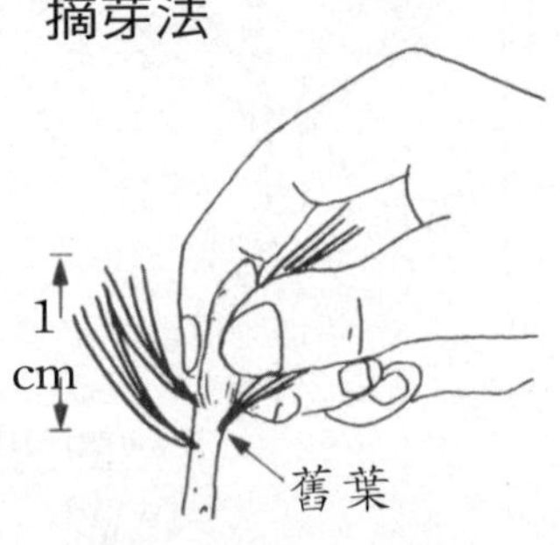

無論全部摘芽或摘一半，都用拇指和食指夾芽折下。用手指無法摘下時可用鑷子或剪刀剪掉。

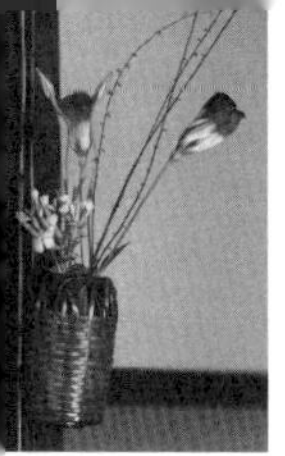

黑松

二度芽的摘芽—8月上旬

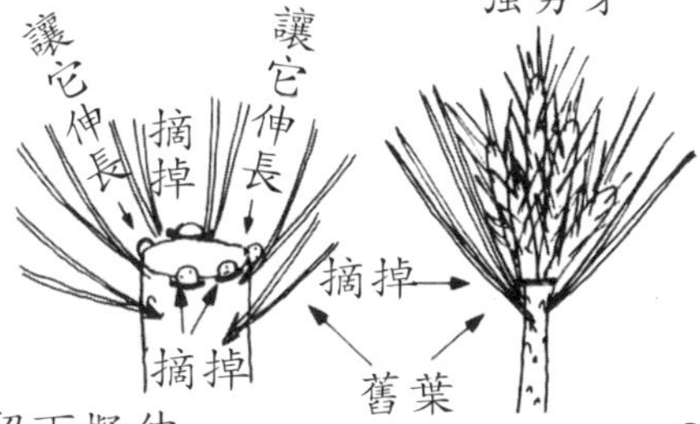

留下擬伸長的芽，其他摘掉。

在與舊葉的境界處把全部新葉摘掉。

長出於樹冠部的強勢芽的摘芽—7月上旬

摘法

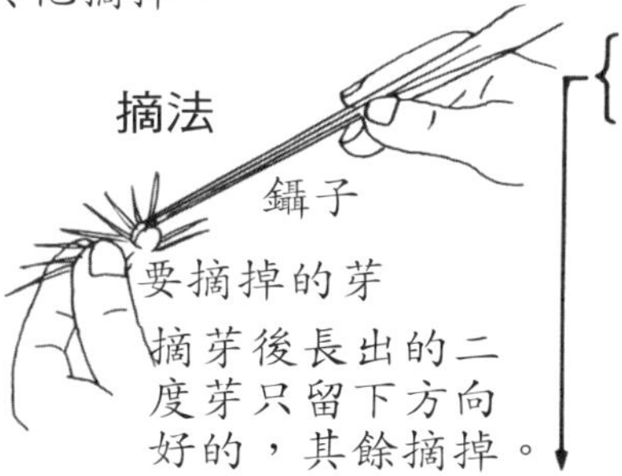

摘芽後長出的二度芽只留下方向好的，其餘摘掉。

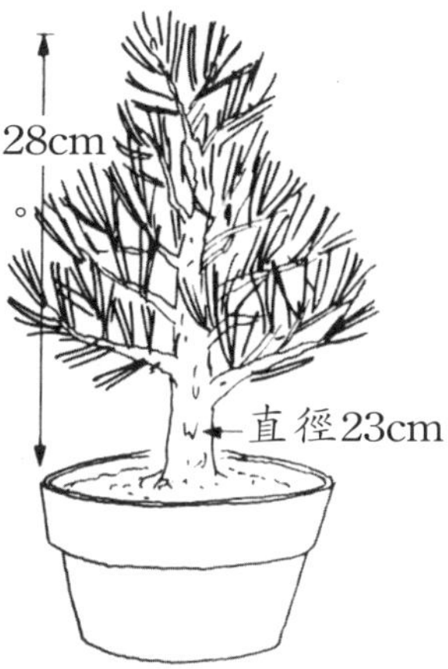

黑松的種樹

長出於下枝的弱勢芽的摘芽—6月中旬

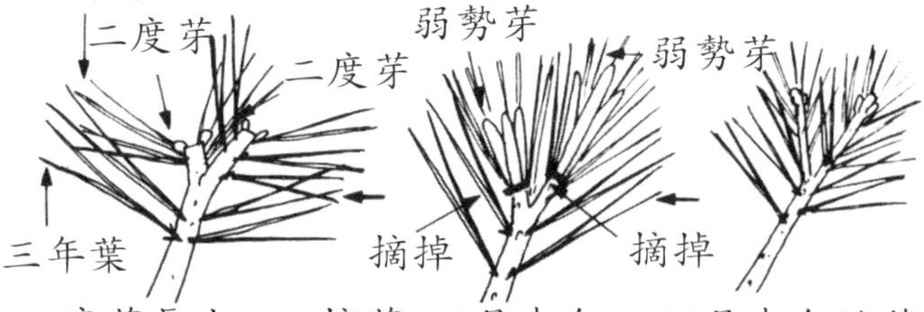

二度芽長出

不太會伸長，不必摘掉。

摘芽—6月中旬

用剪芽刀剪掉，極弱的芽不剪。

11月中旬的芽

比起強勢芽，芽球小。

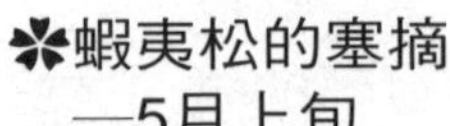

✲蝦夷松的塞摘
—5月上旬

（促進粗枝養成木長出小枝，使枝勢繁茂為目的）

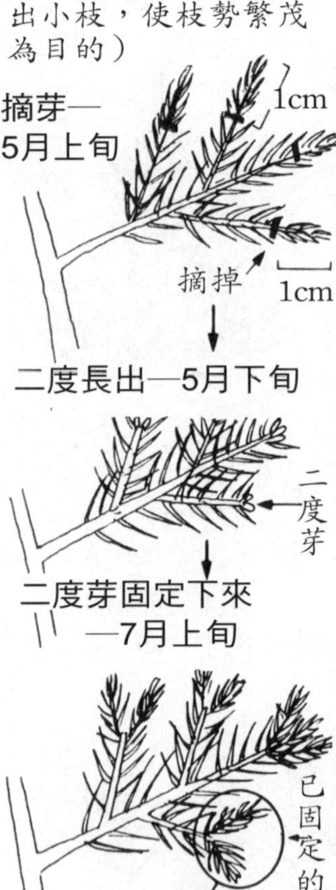

當長到3cm、2cm時用手指摘掉。下枝的芽不摘。

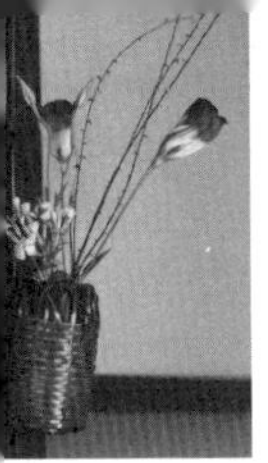

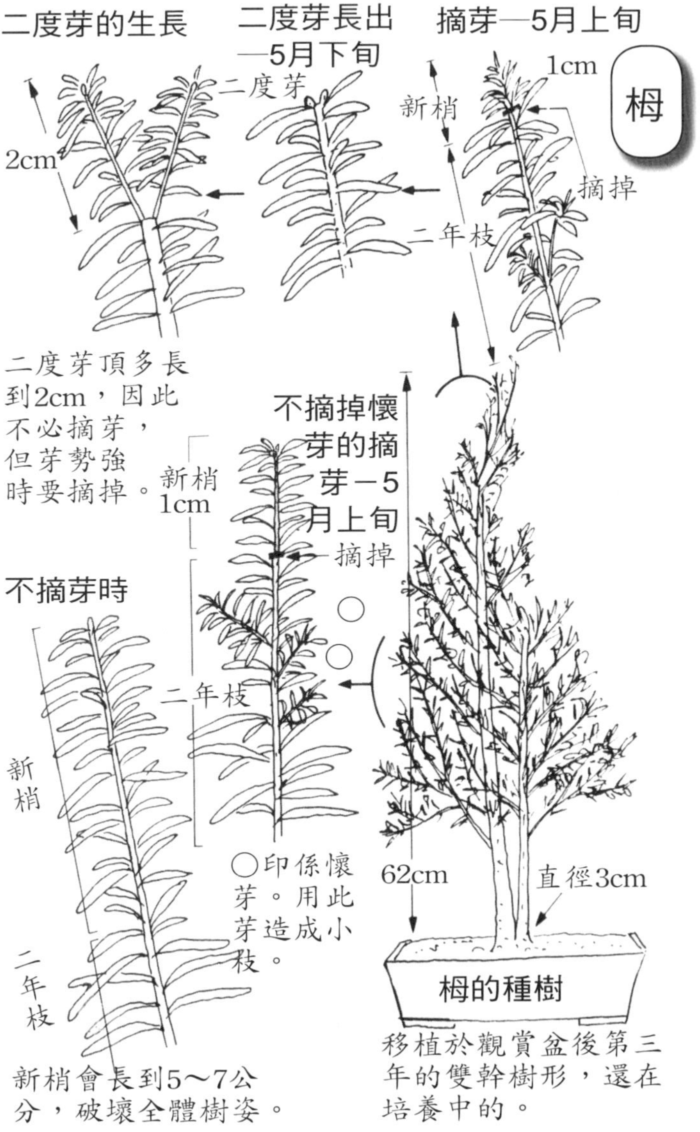
二度芽的生長
二度芽長出—5月下旬
摘芽—5月上旬
榧
2cm
二度芽
新梢
1cm
摘掉
二年枝
二度芽頂多長到2cm，因此不必摘芽，但芽勢強時要摘掉。
不摘掉懷芽的摘芽－5月上旬
新梢
1cm
摘掉
二年枝
○印係懷芽。用此芽造成小枝。
不摘芽時
新梢
二年枝
新梢會長到5～7公分，破壞全體樹姿。
62cm
直徑3cm
榧的種樹
移植於觀賞盆後第三年的雙幹樹形，還在培養中的。

米梅

11月中旬的芽

本年枝先端長出的芽特別強勢。

長出於樹冠部的特別強勢的芽的摘芽－5月上旬

與梅相同，新梢先端1cm把摘掉。

中程度和弱勢芽不摘。

長出二度芽－5月下旬

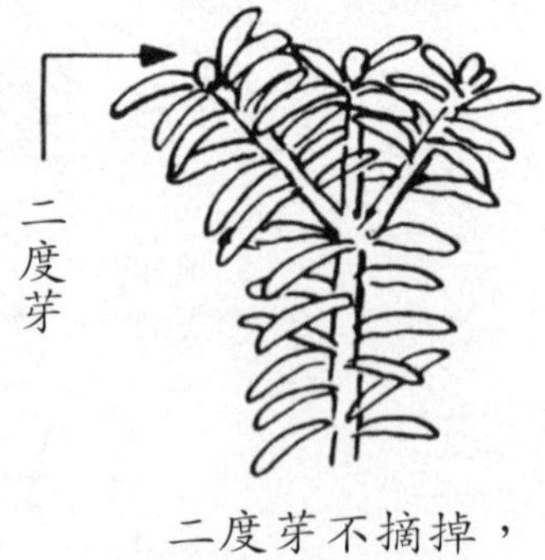

二度芽不摘掉，留作小枝之用。

杉

樹冠部的強勢芽的摘芽—5～10月

摘芽法

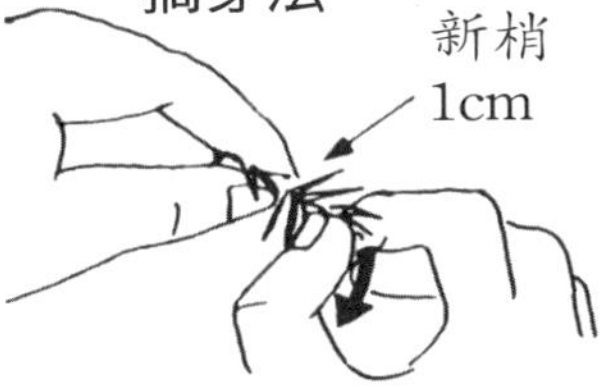

新梢1cm

用拇指和食指夾住折下。

在線的部位摘掉。

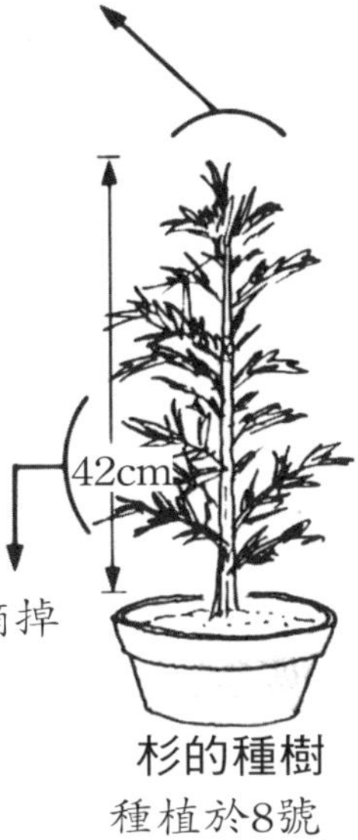

42cm

摘掉

杉的種樹

種植於8號淺盆、幹底直徑1.5cm。

中枝、下枝的弱勢芽的摘芽—5～10月

二年枝

新梢1cm

杜松

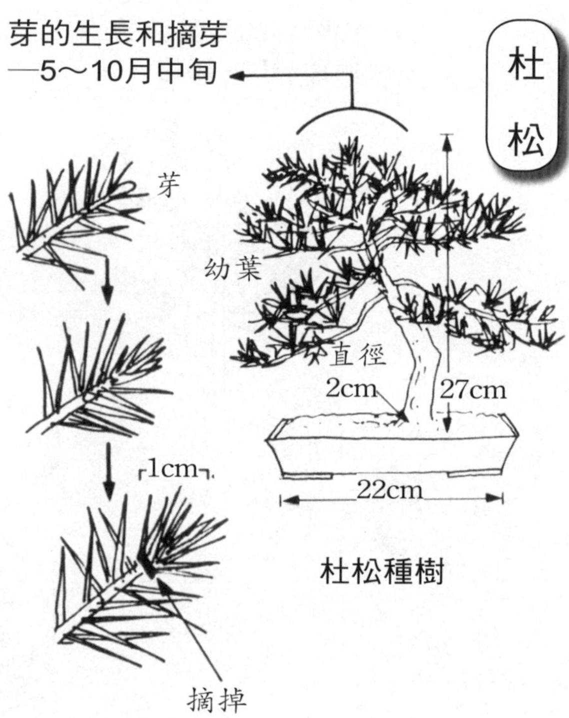
芽的生長和摘芽
—5～10月中旬
新梢長出1cm左右時用手指摘掉。不摘時會伸長到10公分左右，破壞樹姿。
芽
1cm
摘掉
幼葉
直徑
2cm
27cm
22cm

杜松種樹

不摘芽時

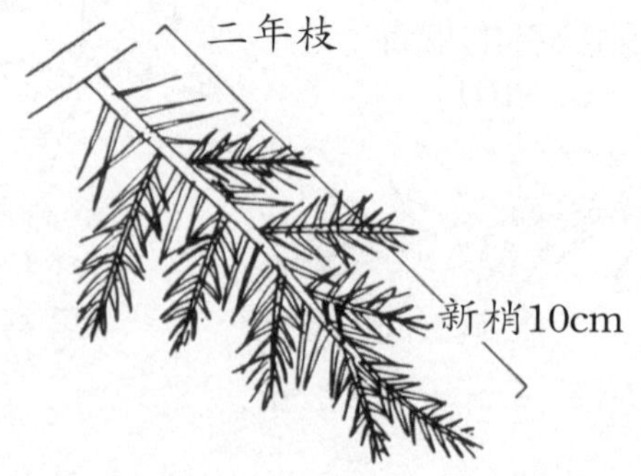
二年枝
新梢10cm

真柏

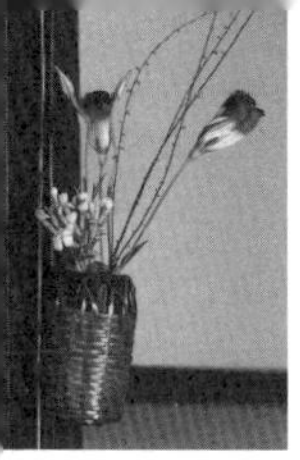

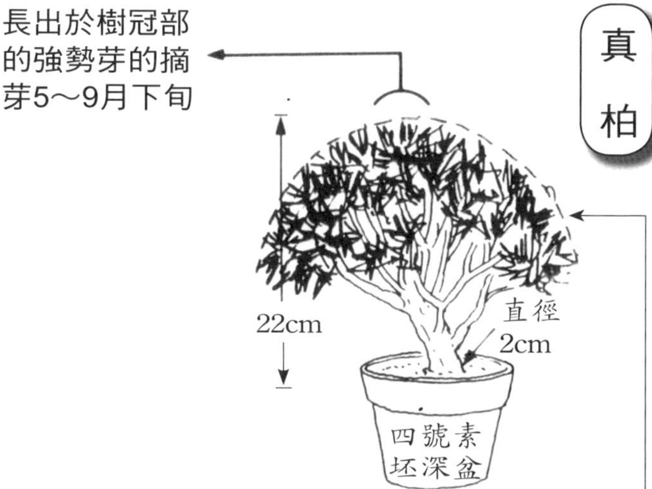

真柏的種樹

摘芽法

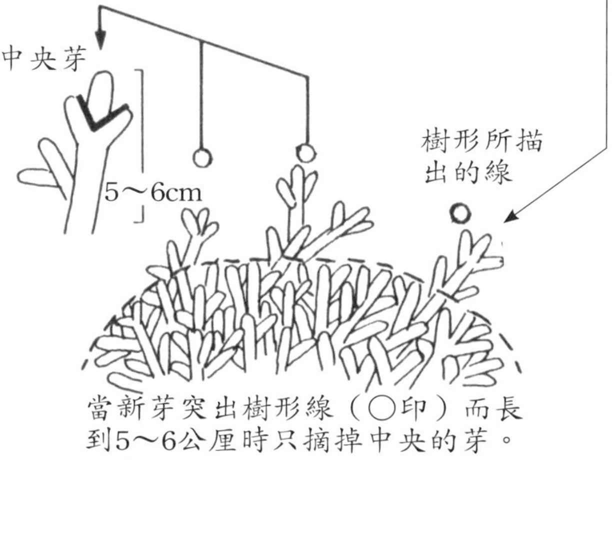

當新芽突出樹形線（○印）而長
到5～6公厘時只摘掉中央的芽。

山毛櫸

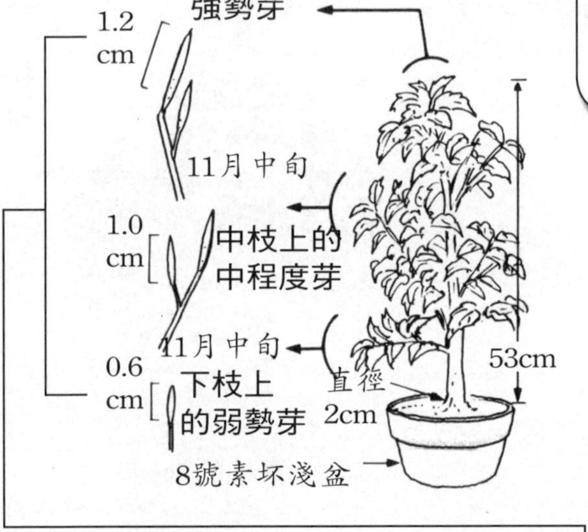

樹冠部的
強勢芽

1.2
cm

11月中旬

1.0
cm

中枝上的
中程度芽

11月中旬

0.6
cm

下枝上
的弱勢芽

直徑
2cm

53cm

8號素坏淺盆

摘芽—4月上～中旬

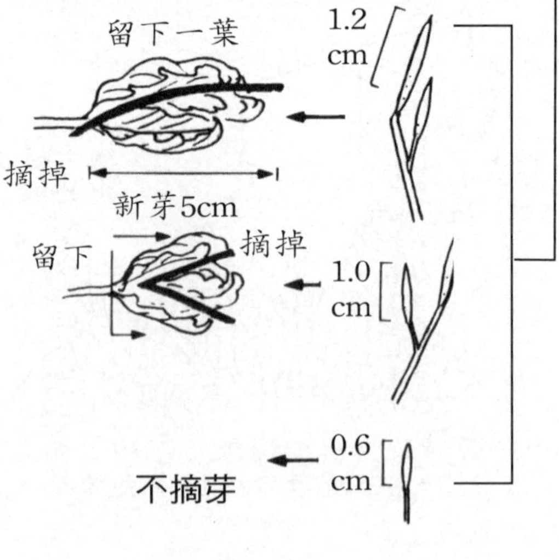

留下一葉

1.2
cm

摘掉

新芽5cm

留下

摘掉

1.0
cm

0.6
cm

不摘芽

蘇羅

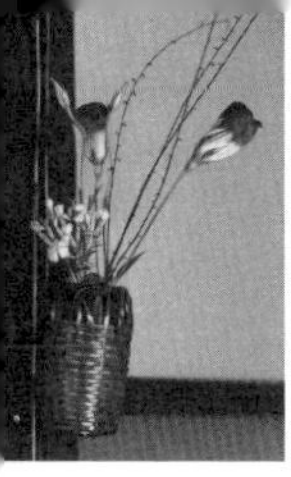

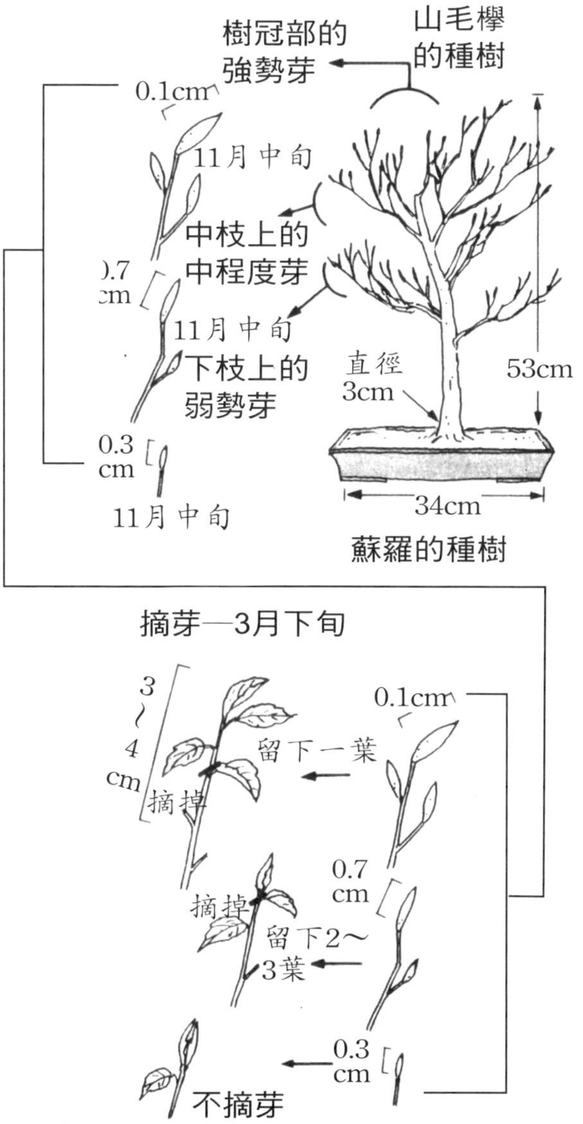
樹冠部的
強勢芽
山毛櫸
的種樹
0.1cm
11月中旬
中枝上的
中程度芽
0.7
cm
11月中旬
下枝上的
弱勢芽
直徑
3cm
53cm
0.3
cm
11月中旬
34cm
蘇羅的種樹
摘芽—3月下旬
3
～
4
cm
摘掉
0.1cm
留下一葉
0.7
cm
摘掉
留下2～
3葉
0.3
cm
不摘芽

紅葉（槭）和楓

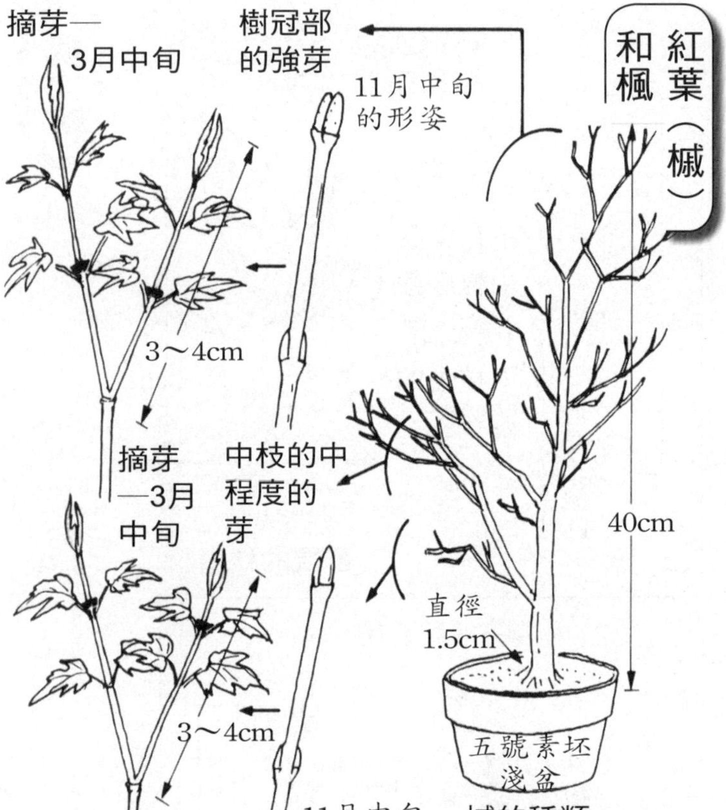

槭的種類

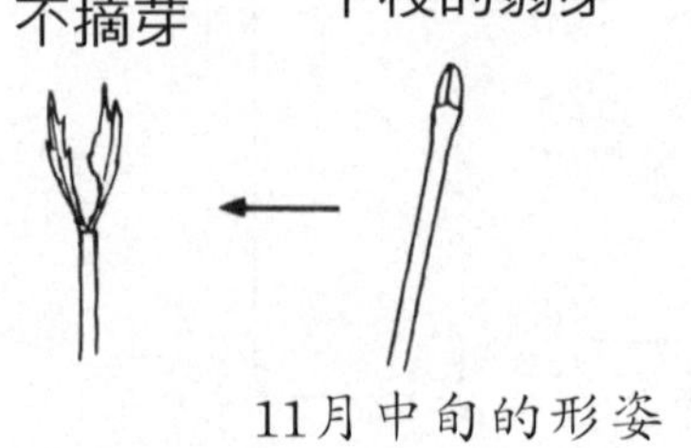

到11月中旬每節長出各二個芽，這芽會伸長。強芽留下一節，中程度芽則留下二節摘掉其他芽。弱芽不摘。沒有實施摘芽時，新梢將伸長到10公分以上。

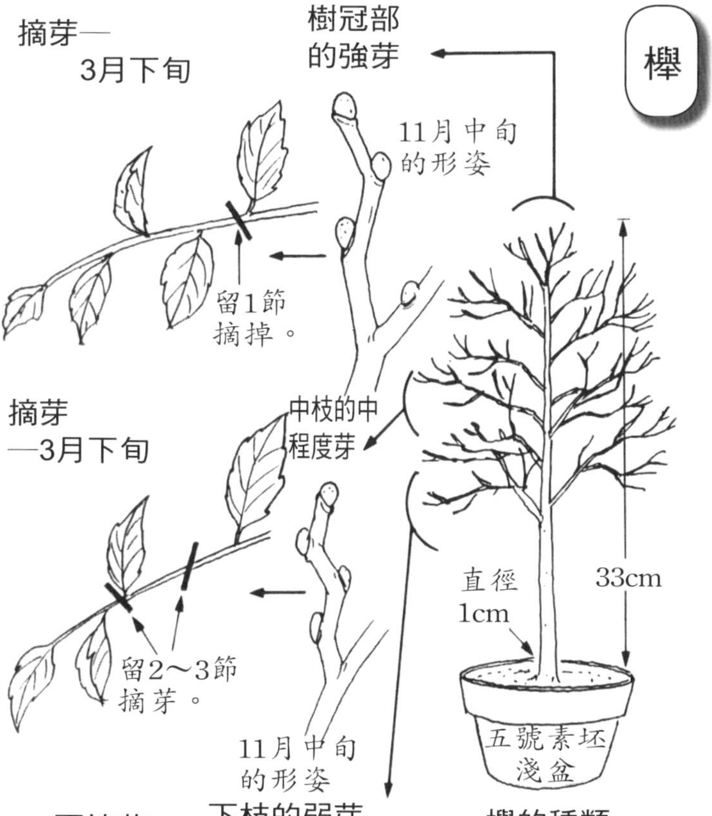

櫸的種類

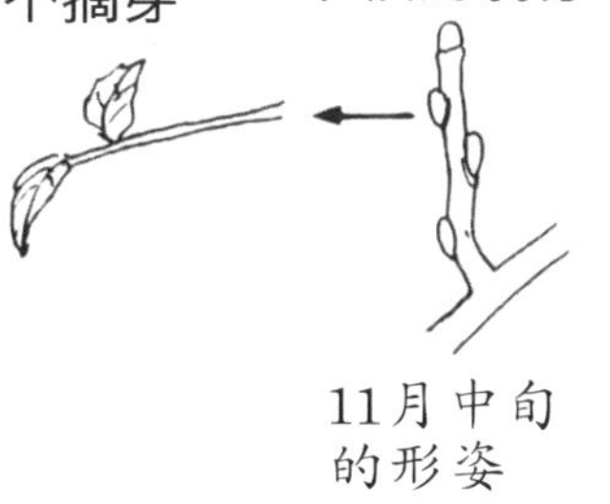

11月中旬每節長出各一個芽，強芽長2～3公厘。長出約2cm時留下一葉（強芽）或2～3葉（中程度芽）摘芽，弱芽不摘。不摘芽時每節間隔會拉長，一年達7～8節。

修剪時期和實際

修剪是什麼？

廣義的修剪應包括摘芽（六十六頁），刈葉（一一三頁），疏葉（一〇八頁），狹義的解釋是剪芽，去除不用枝，剪徒長枝，剪除忌枝。因此除剪芽之外就是整枝。

剪芽時使用切芽剪刀，這一點與用手指的摘芽不同。一到春天，多數樹種都會長出新芽。這些新芽生長後變成葉子或樹枝。剪芽就是在新長出的芽的某點剪掉的作業。

剪不用枝，剪徒長枝或剪忌枝，行家叫做拔枝或剪枝。就是在分枝處或枝的中途剪掉不用枝、徒長枝、車輪枝、門枝、重疊枝等忌枝的作業。

修剪的目的和意義

即使種植於盆中的盆樹，任其生長的話，樹枝就無限地伸長，漸失原來樹姿，甚至枯死。

因此，盆樹應每天觀察，在適當時期做枝葉的修剪工作。修剪的主要目的是不讓其徒長，調整全體樹枝的平衡而造出調和之美。

剪芽的目的在於抑制枝尖的力量，把全樹的力量平均化，或增加小枝數目，把芽端弄整齊，把葉子弄細等。剪枝和拔枝的目的是藉剪掉不用枝使得營養能夠充分浸透到每枝的尖端，使得陽光能夠普遍照到，使得通風良好而減少發生病蟲害的機會。

修剪的時期和方法

各種盆樹的修剪時期如八十五頁。在八十六頁至一〇六頁有圖解部分的樹種則不在表中，請參照各該樹種的說明。

剪芽的時期和方法

松柏類的剪芽在新芽長出的時候，因此，大約在四月至六月之間。詳細請參照八十六頁至九十三頁圖解。

雜木類則在每有新芽長出時剪芽。花樹類是在花芽長出時剪掉多餘部分，因此多半在秋天。

果樹類的剪芽要等到結果後。果實多半在有力而不太伸長的樹枝上結果，因此剪芽時不宜太短，留多一點比較安全。

拔枝的時期和方法

松柏類可在四月至六月與摘芽、剪芽同時進行拔枝，不過正式時期應為十月下旬到三月中旬（酷寒時除外）。不用枝和忌枝宜從分枝處剪掉，徒長枝則剪掉徒長部分。雜木類的拔枝在摘芽或剪芽時或落葉後實施。方法和松柏類相同。

果樹類則在結果後或摘果後剪掉。

八十五頁表可利用於您培養的樹種的修剪時期。

✲修剪時期

＜涉及多月的樹種均記在各該月欄＞

月類	松柏類	雜木類	花樹類	果樹類
2月			蠟梅	
3月		桑、柳	采振木、辛夷木蓮、百日紅	梨、蘋果、小姓落霜紅、果實石榴、熊柳、日本小蘗、南天桐
4月		檉柳、姬沙羅	黄梅、梔子、山茶花、茶梅、茶樹、海棠、馬醉木、連翹	常盤山查子、果實梔子、花梨
5月	翌檜、檜、伽羅	朴、皺葛、櫨、檉柳、姬沙羅、榆欅	薔薇	花梨、七葉楓、日本莢蒾、落霜紅
6月	錦松、紅松	姬沙羅、銀杏、朴、錦木、榆欅、桑	杜鵑、花石榴、藤石榴、藤、百日紅、萩	花梨、落霜紅、金桔、美男葛、日本莢蒾、瑠璃瓢簞、果實山查子、結實銀杏
7月		姬沙羅、銀杏朴、錦木、榆欅、桑、葛	杜鵑、花石榴、石楠花、藤、合歡、連翹、芝花	花梨、落霜紅、果實山查子、金桔、七葉楓、美男葛、莢蒾
8月		姬沙羅、櫨、銀杏、朴、錦木、榆欅、桑、皺葛、葛	花石榴	花梨、落霜紅、果實山查子、七葉楓、莢蒾、七葉楓
9月		朴、錦木、桑	花石榴	落霜紅、果實、山查子、七葉楓、莢蒾
10月				七葉楓
11月			櫻樹、藤櫻、山查子	檀、果實海棠、柿、七葉楓、莢蒾
12月				毛櫻桃

＜花樹類、果樹類在新梢有花芽的不可剪深＞

杉

修剪—5月

42cm

杉養成木

✽不用枝、忌枝、徒長枝的修剪

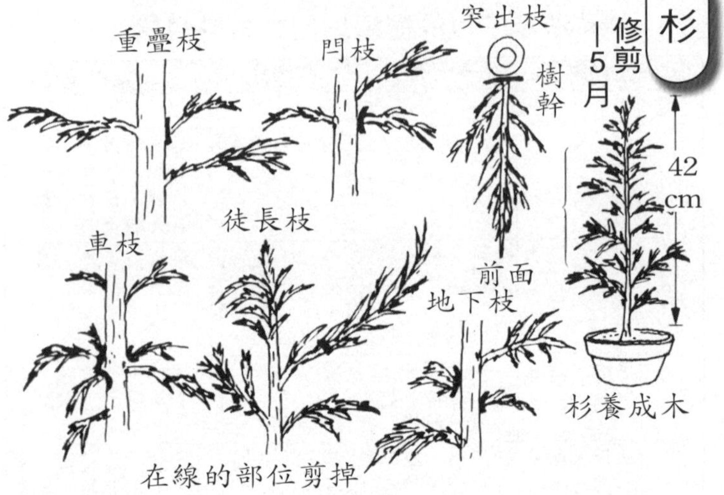

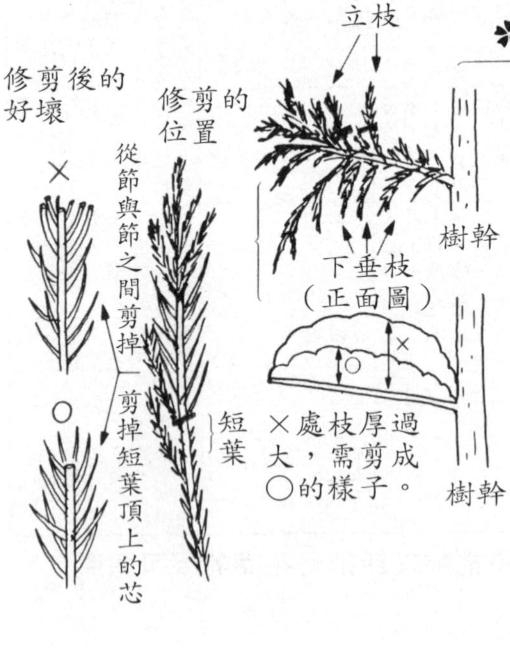

✽做枝修剪法

從平面看去造成一枝形成不等邊三角形。

黑松

修剪 2月下旬～10月下旬

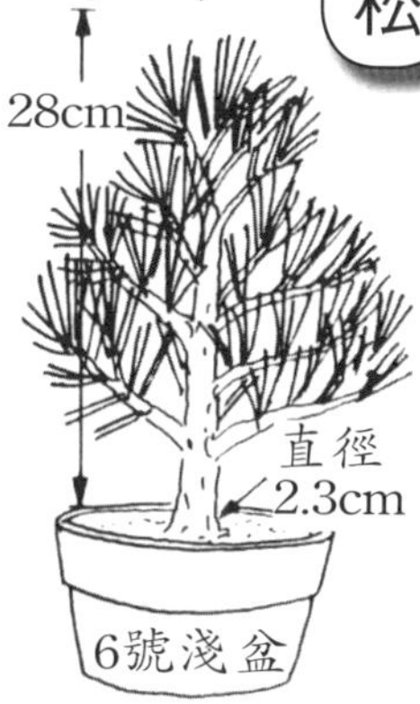

✽忌枝、徒長枝的修剪

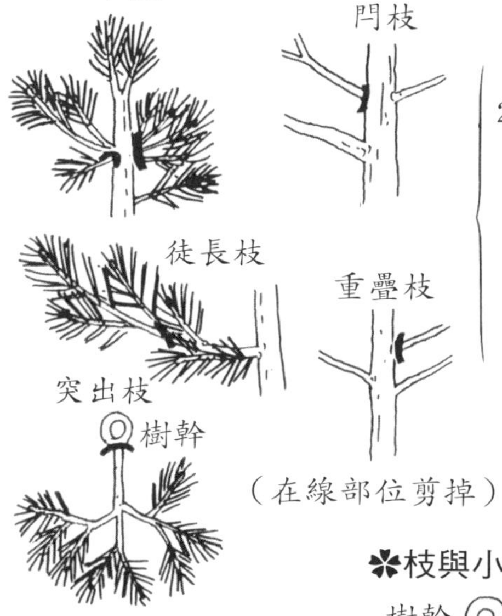

✽枝與小枝的修剪

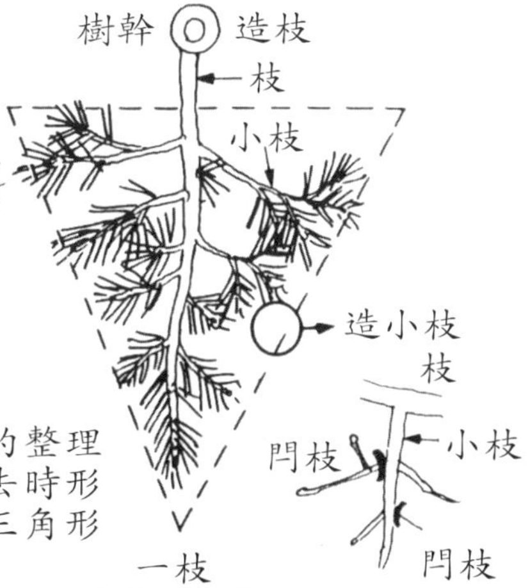

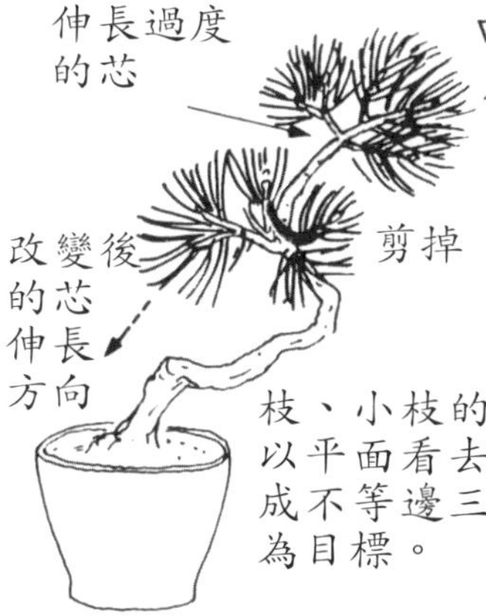

枝、小枝的整理以平面看去時形成不等邊三角形為目標。

✽改變芯的方法

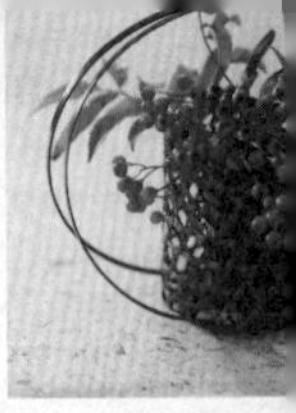

蝦夷松

修剪—11月、3月

✽忌枝、徒長枝的修剪

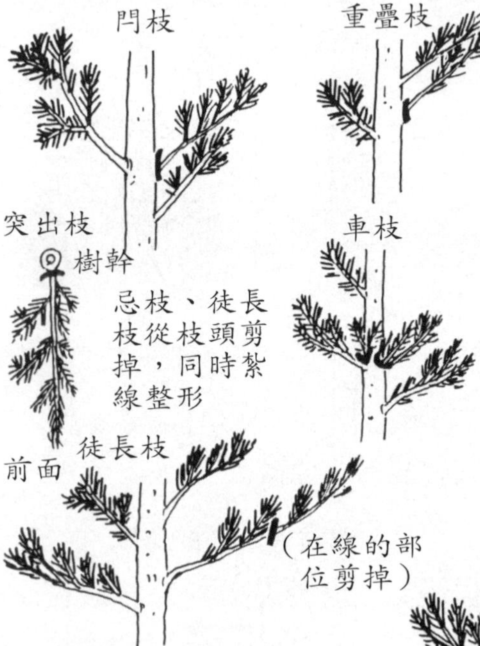

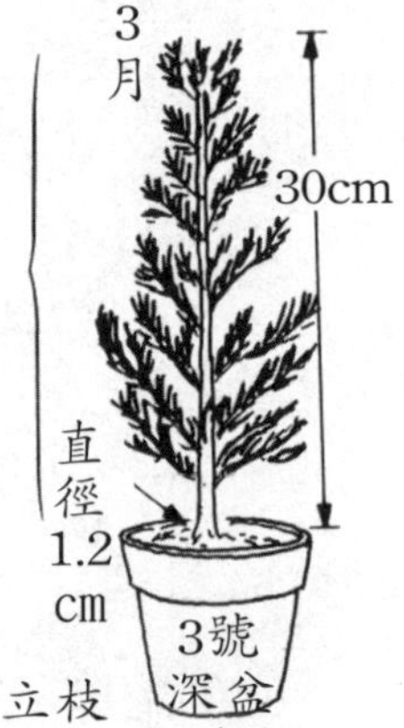

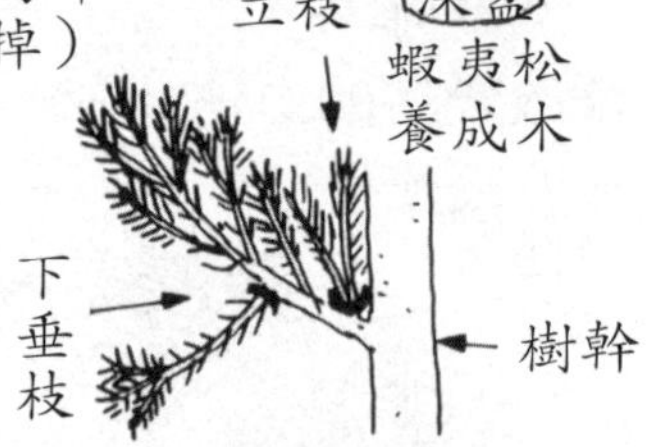

✽立枝和下垂枝的修剪

✽枝和小枝整理修剪

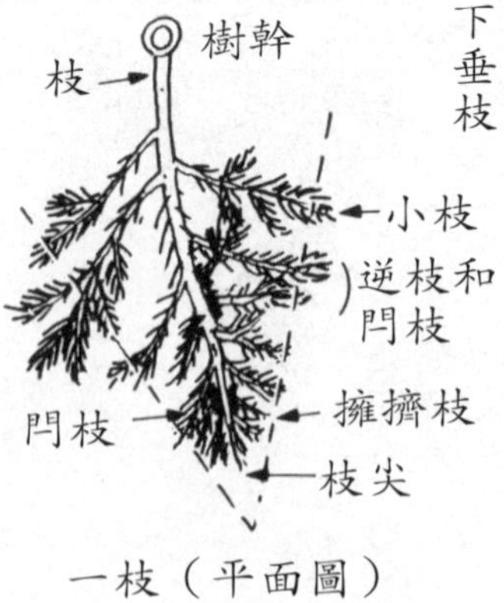

一枝（平面圖）

枝和小枝整理成平面上下等邊三角形為目標。

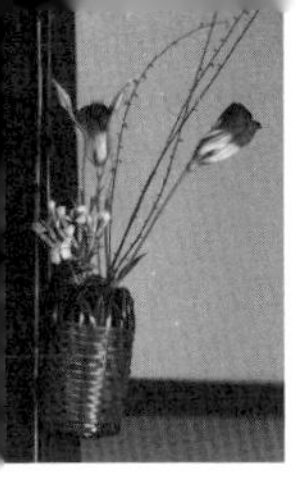

五葉松

修剪—10月下旬～2月下旬

✽忌枝、徒長枝的修剪

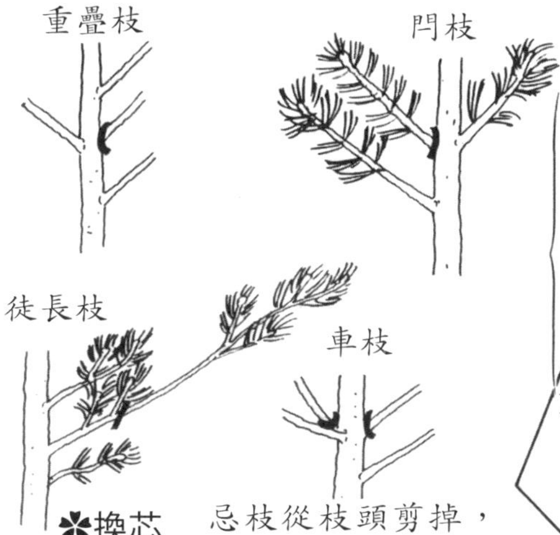

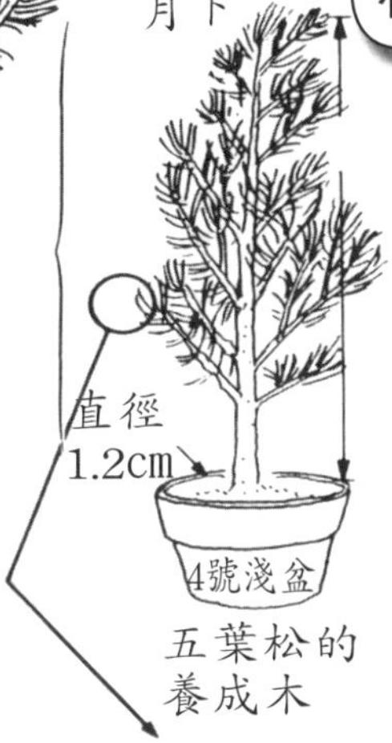

五葉松的養成木

忌枝從枝頭剪掉，徒長枝從枝中剪。同時如有需要就紮線。

✽換芯

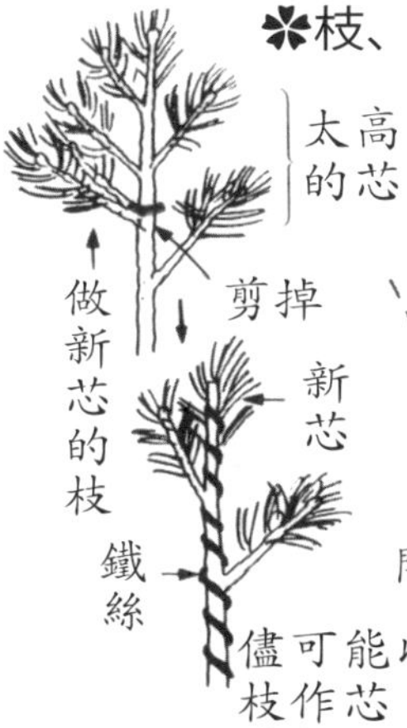

儘可能以前枝作芯、紮線整形。

✽枝、小枝的整理修剪

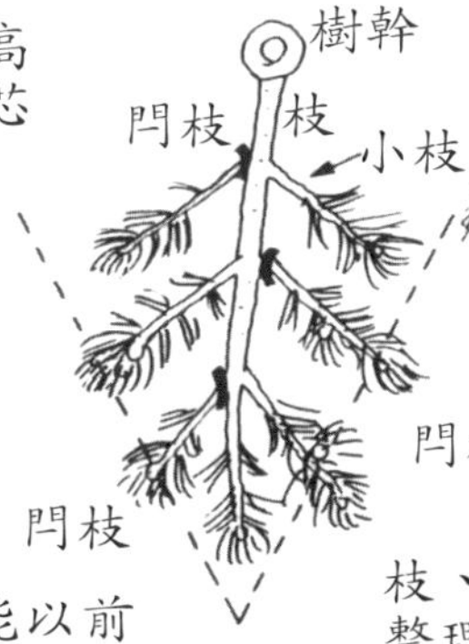

一枝（平面圖）

枝、小枝均整理成不等邊三角形。

✽把長枝剪短

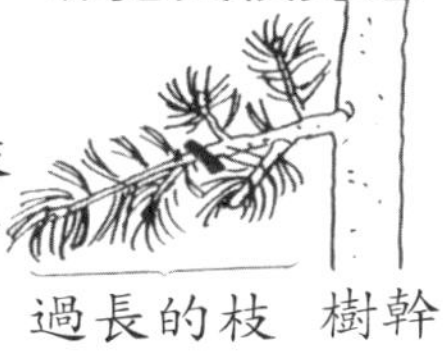

從分枝處留下2～3節剪掉。

杜松

修剪
—5～6月

✽忌枝、徒長枝的修剪

杜松養成木

徒長枝會破壞全體樹姿，應適宜剪掉。地下枝從頭部剪，擁擠枝則適宜剪成互生形。

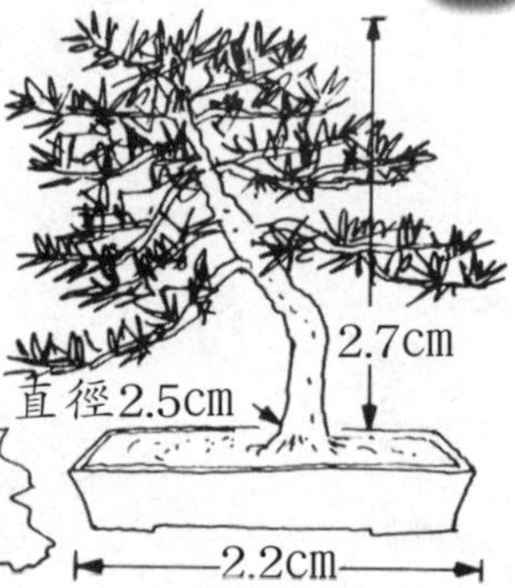

修剪部位

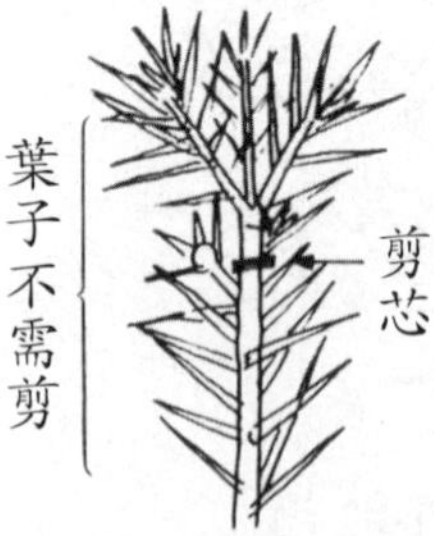

剪芯而不剪葉。同時紮線整形。

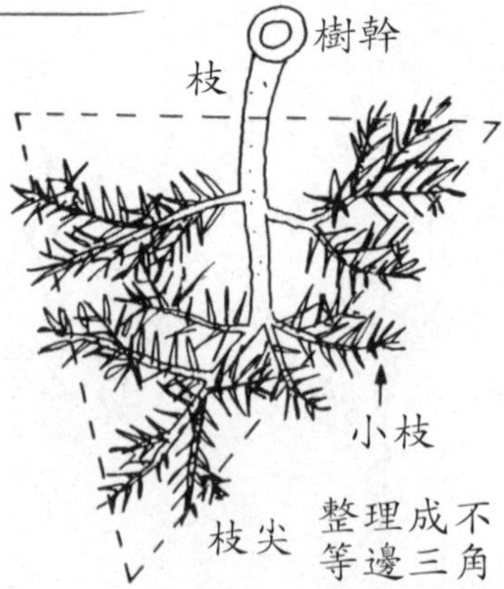

✽枝、小枝的整理修剪

整理成不等邊三角形為目標

一枝（平面圖）

真柏

修剪｜10月下旬～3月下旬（嚴冬時除外）

✽修剪和紮線

把適合模樣木的養成木修剪後的樹姿如左。注意分枝處。

真柏養成木

✽枝、小枝的整理修剪 架線後的一枝平面圖

剪掉不用小枝或忌小枝，造成交互狀，先端稍微圓形。

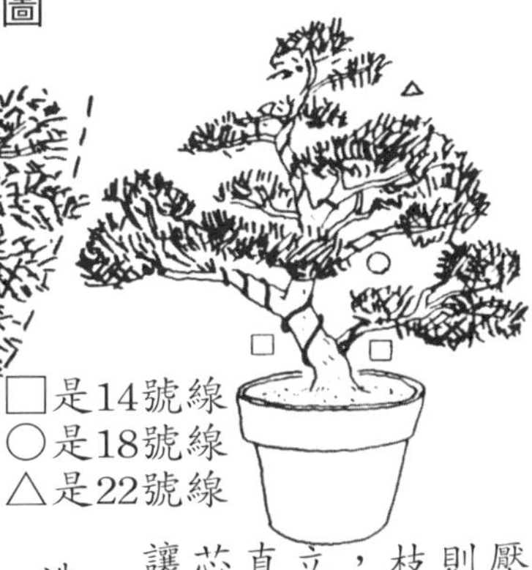

讓芯直立，枝則壓向水平，使得漸接近模樣木形。

✽枝整理修剪

栂

修剪—11月及3月

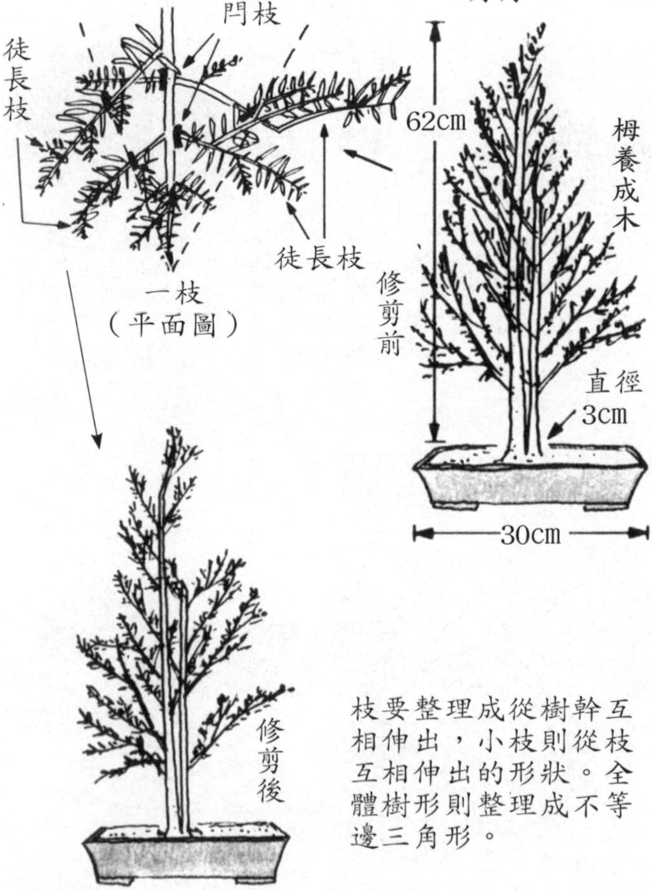

閂枝
徒長枝
徒長枝
一枝
（平面圖）
62cm
栂養成木
修剪前
直徑
3cm
30cm
修剪後

枝要整理成從樹幹互相伸出，小枝則從枝互相伸出的形狀。全體樹形則整理成不等邊三角形。

米栂

修剪
—5～6月

✽忌枝的修剪

米栂易長出立枝應從枝頭剪掉。

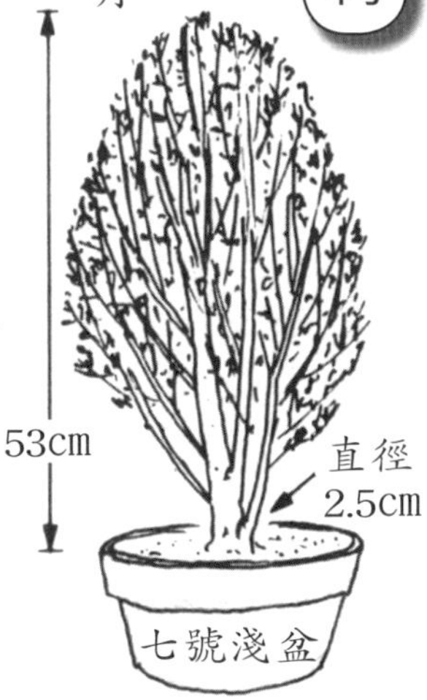

米栂養成木

✽枝、小枝整理的基本原則（葉子從略）

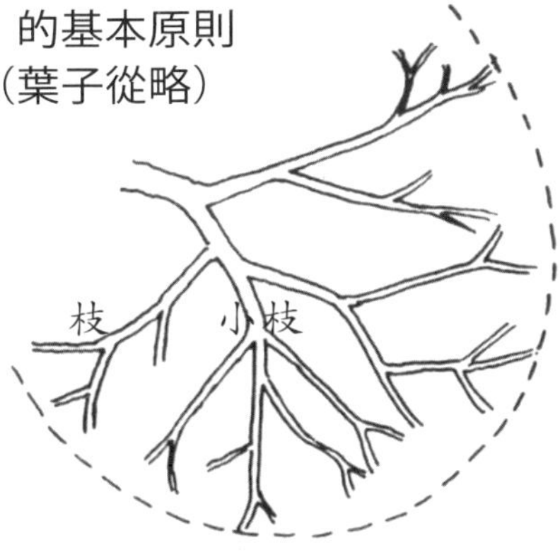

一枝（平面圖）

米栂的整理方法和梅相同，造成小枝互相伸出且先端造成橢圓形。

槭(紅葉)和楓

修剪—落葉後隨時

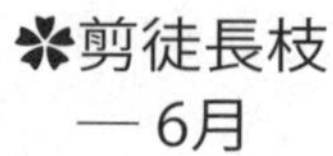

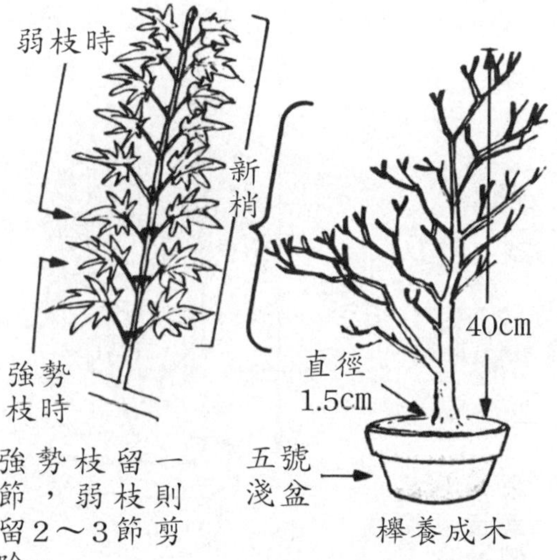

✽剪不用枝、不用芽
—落葉後隨時

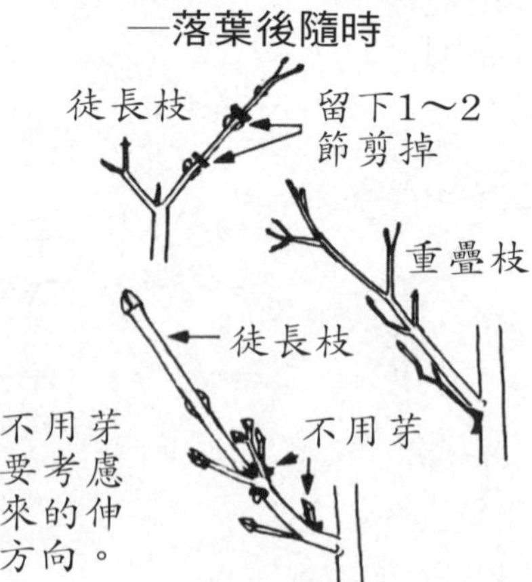

欅

✽剪不用枝、忌枝—落葉後

修剪—葉子繁茂後

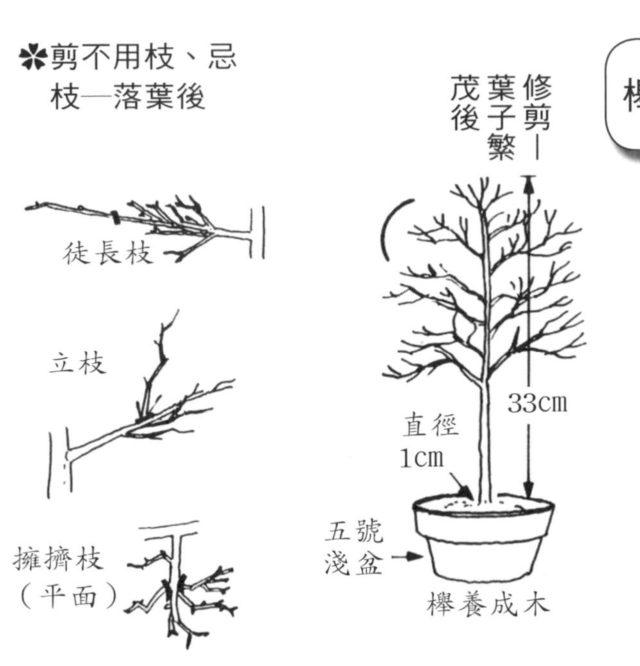

✽修剪—葉子繁茂時

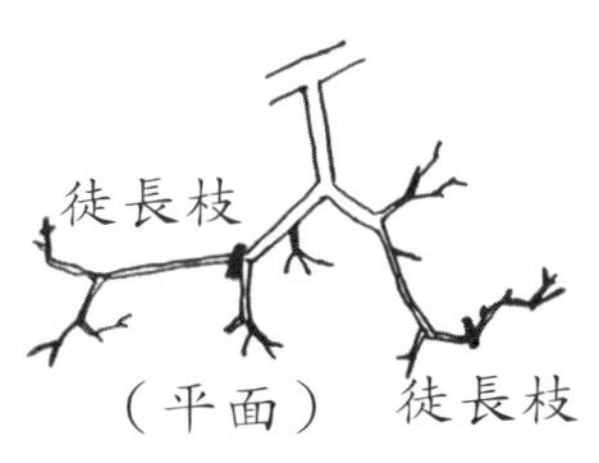

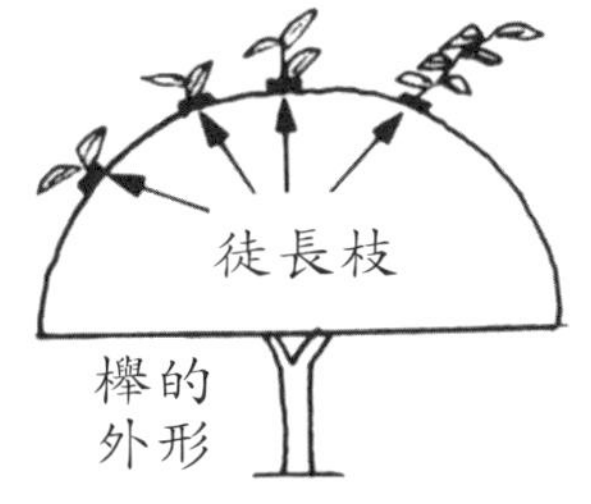

剪徒長枝時要考慮芽的部位。

把突出樹形線的部分剪掉，剪時應考慮芽的伸長方向。

山毛櫸

修剪—葉子繁茂時

✽剪不用枝、忌枝

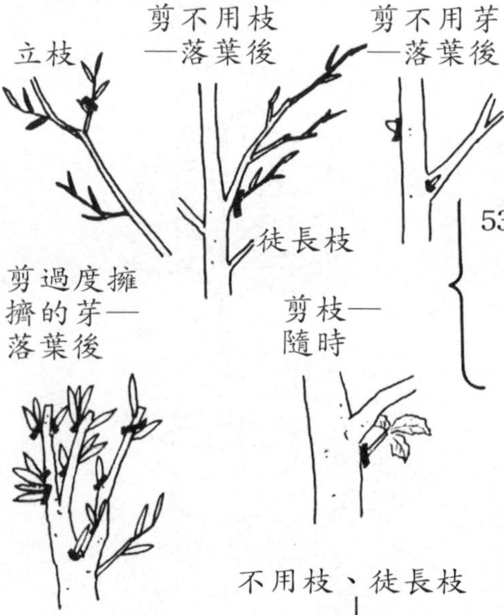

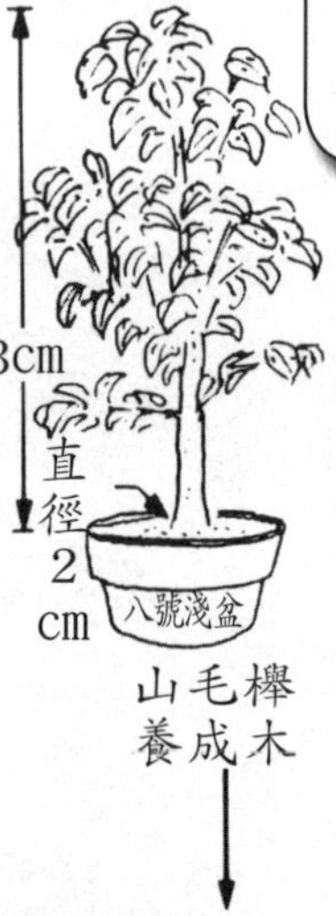

✽修剪—葉子繁茂時

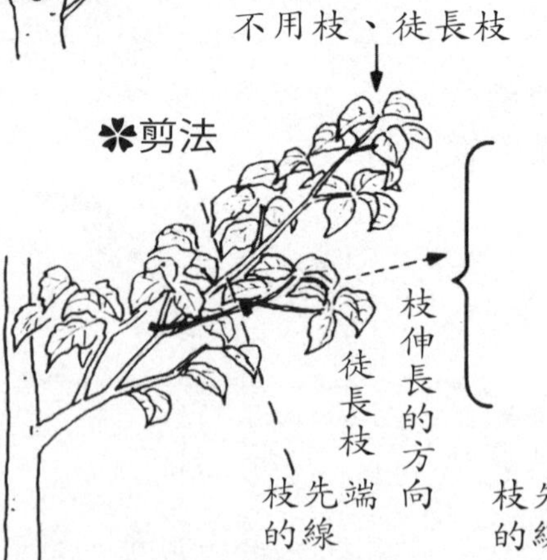

✽剪法

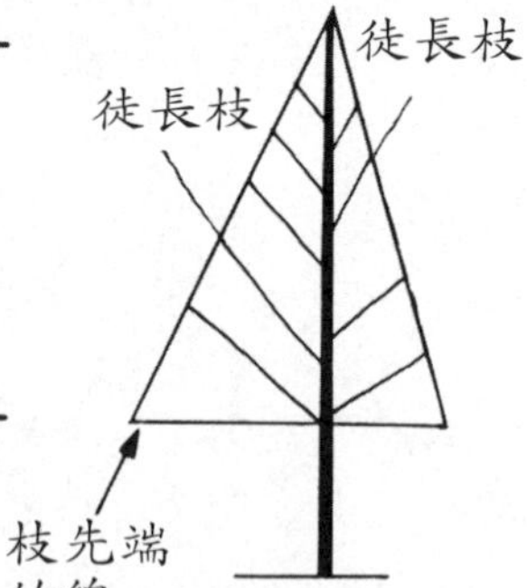

剪除徒長枝時，應考慮剪後再長出的枝的方向。徒長枝和不用枝均在分枝處剪掉。

徒長枝係指超出此不等邊三角形線的枝。

蘇羅

修剪—葉子繁茂時

✽剪忌枝、不用枝－落葉後隨時

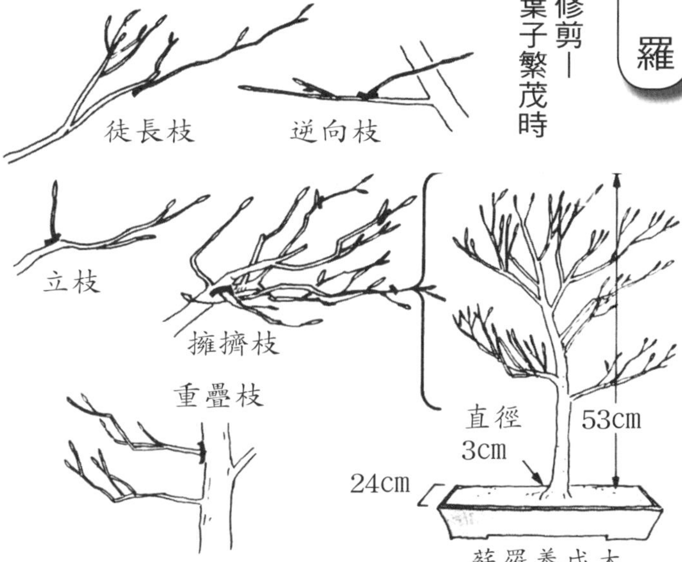

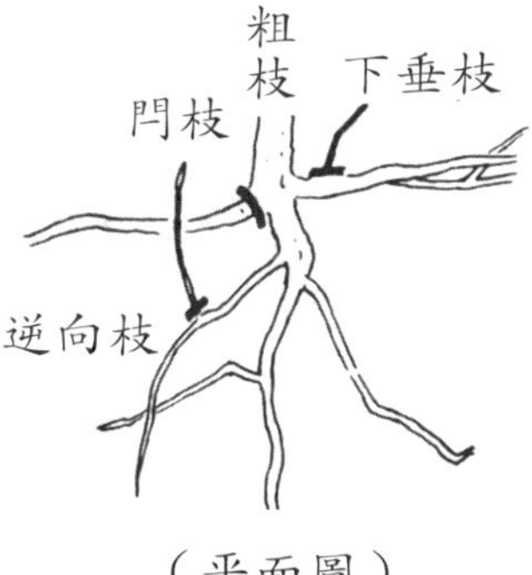

蘇羅養成木

（平面圖）

落葉後的枝況比較清楚。忌枝在分枝處剪掉，徒長枝則考慮全體樹姿而剪。

✽修剪—葉子繁茂時

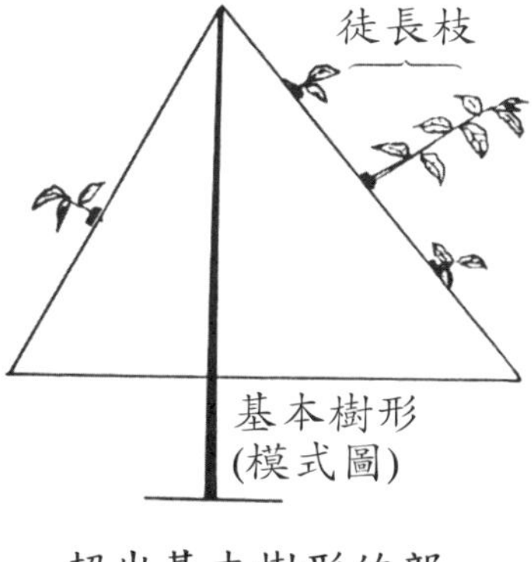

超出基本樹形的部分應全部剪掉。

梅

修剪—10～12月

梅樹養成木

✽剪不定枝－經常
摘不定芽－經常

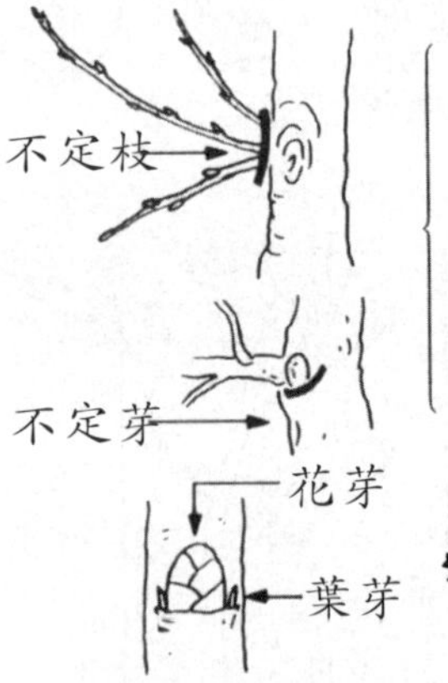

梅樹的花芽和葉芽

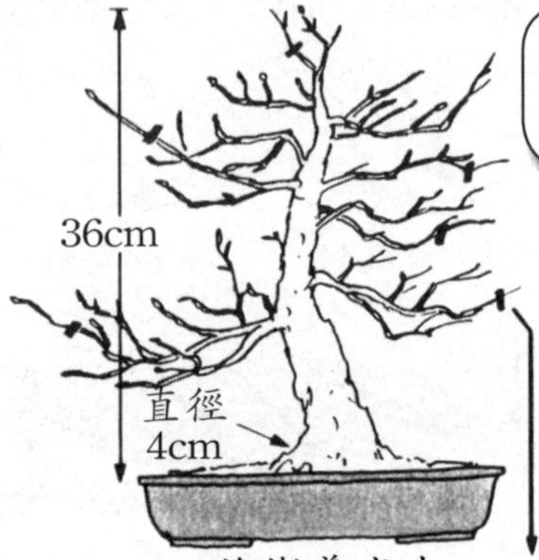

✽剪徒長枝—10～12月

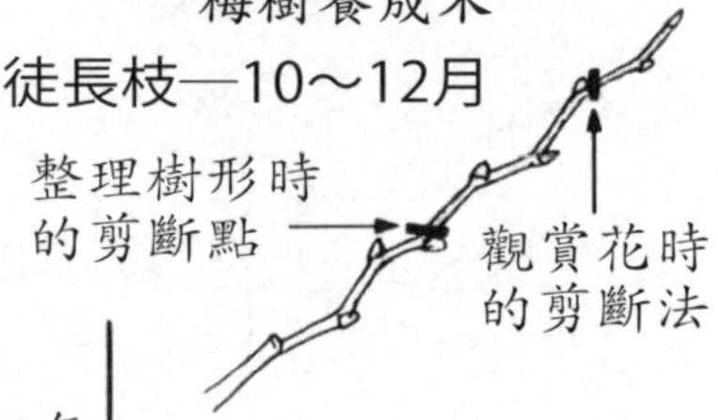

✽防止枝枯死的方法

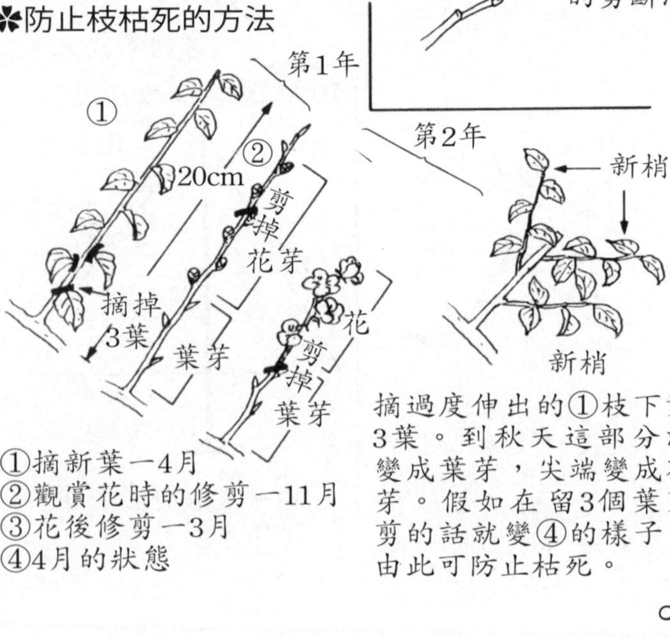

①摘新葉一4月
②觀賞花時的修剪一11月
③花後修剪一3月
④4月的狀態

摘過度伸出的①枝下葉3葉。到秋天這部分就變成葉芽，尖端變成花芽。假如在留3個葉芽剪的話就變④的樣子，由此可防止枯死。

木瓜

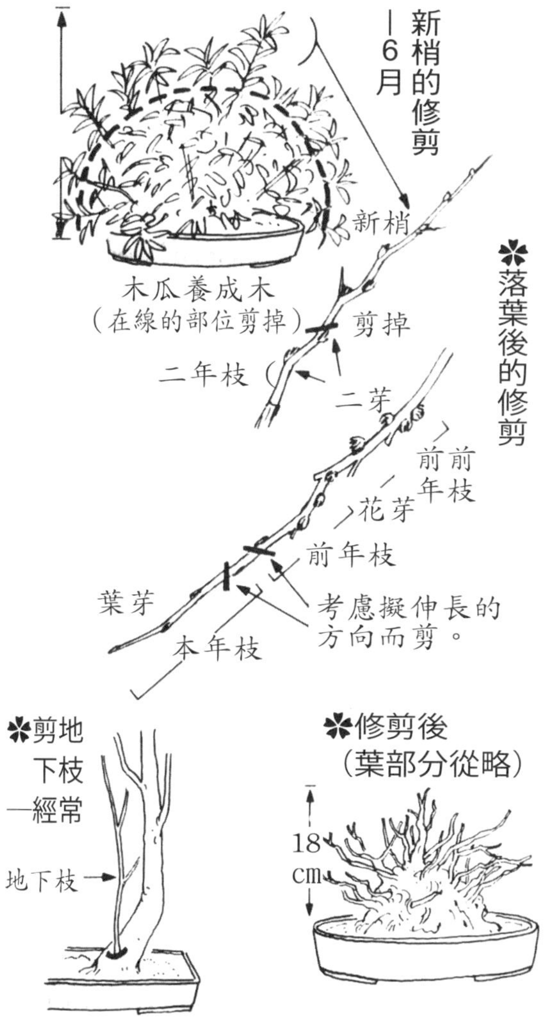

春天長出的枝在預定的高度剪掉。落葉後的修剪則留下本年枝2～3節修剪。這樣可使在株頭附近開花。

五月杜鵑

修剪—開花後

五月杜鵑養成木

✽修剪—開花後

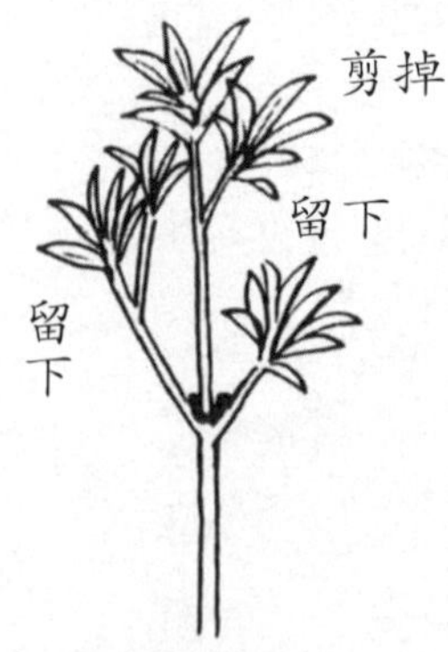

樹勢弱的枝

樹強勢的枝

有一種叫做追加修剪，剪成短枝。

土佐水木（燈台樹）

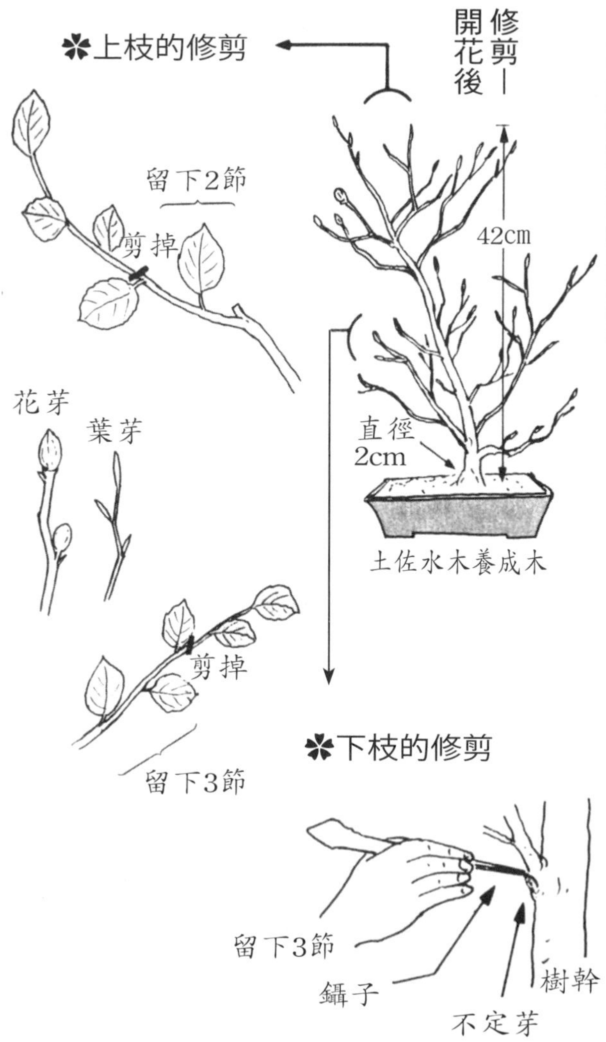

修剪—開花後

✽上枝的修剪

土佐水木養成木

✽下枝的修剪

✽不定芽、地下枝的摘芽—隨時

長壽梅

✽修剪時期—春～秋

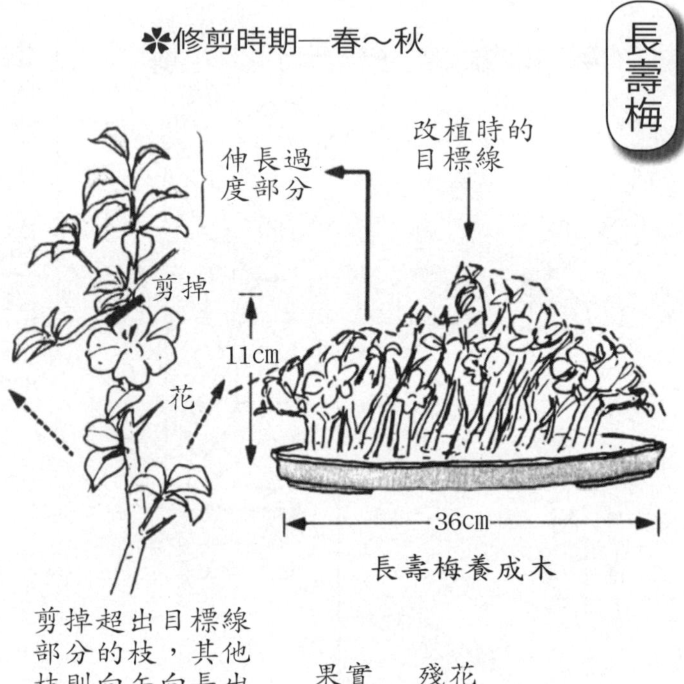

長壽梅養成木

紅紫壇

修剪 4～11月

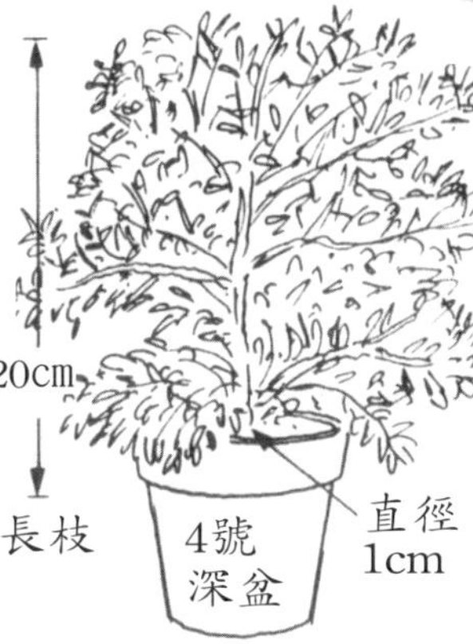

✽剪立枝
—4～11月

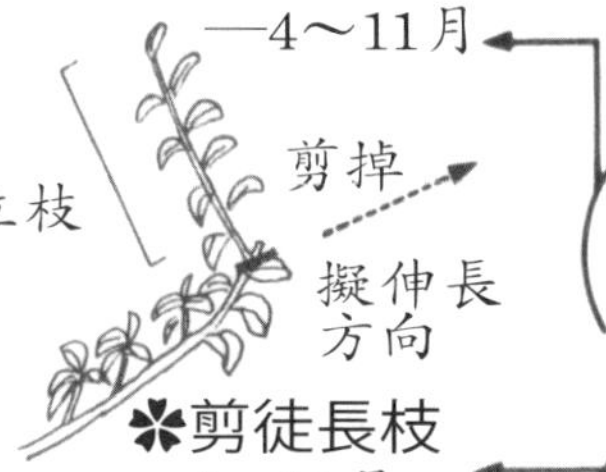

✽剪徒長枝
—4～11月

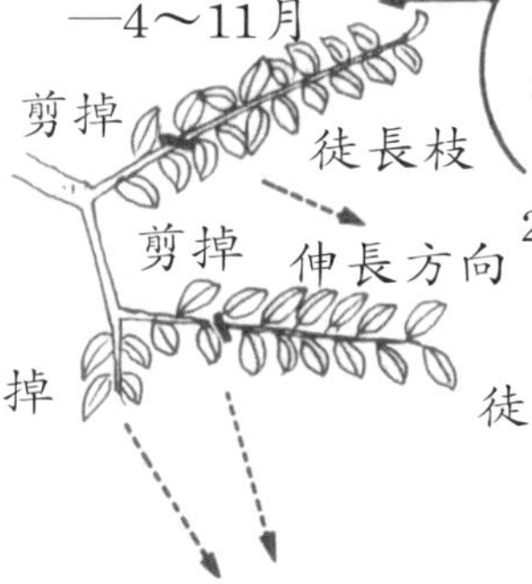

✽分叉枝、不用枝修剪
—隨時

✽摘不定芽
—隨時

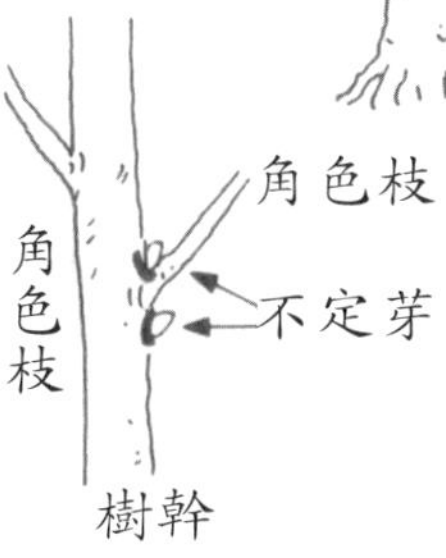

長出於角色枝上下的分叉枝或不用枝，隨時在分枝處剪掉。主要長出於樹幹或枝的不定芽也要隨時摘掉。

落霜紅

修剪—落果後

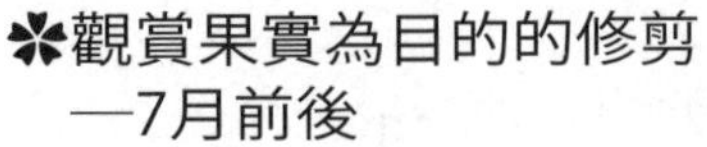

✽觀賞果實為目的的修剪
—7月前後

64cm

直徑
4cm

39cm

落霜紅養成木

剪掉

結果

新梢

3月下旬落果後的修剪，應考慮將來樹形而剪。以觀賞果實為目的的修剪，即使過度伸長的枝，因為考慮到欣賞效果，如有結果時就只剪掉枝端部分。

火棘

修剪
—2～3月

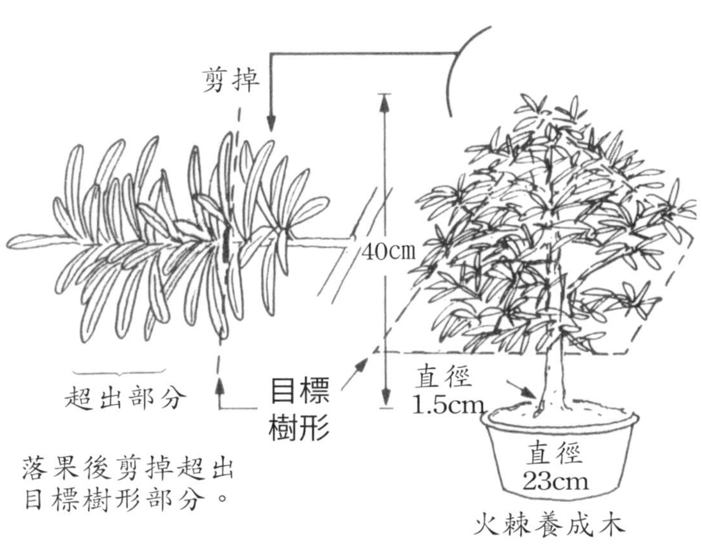

落果後剪掉超出目標樹形部分。

火棘養成木

南蛇藤

修剪—剛長芽時

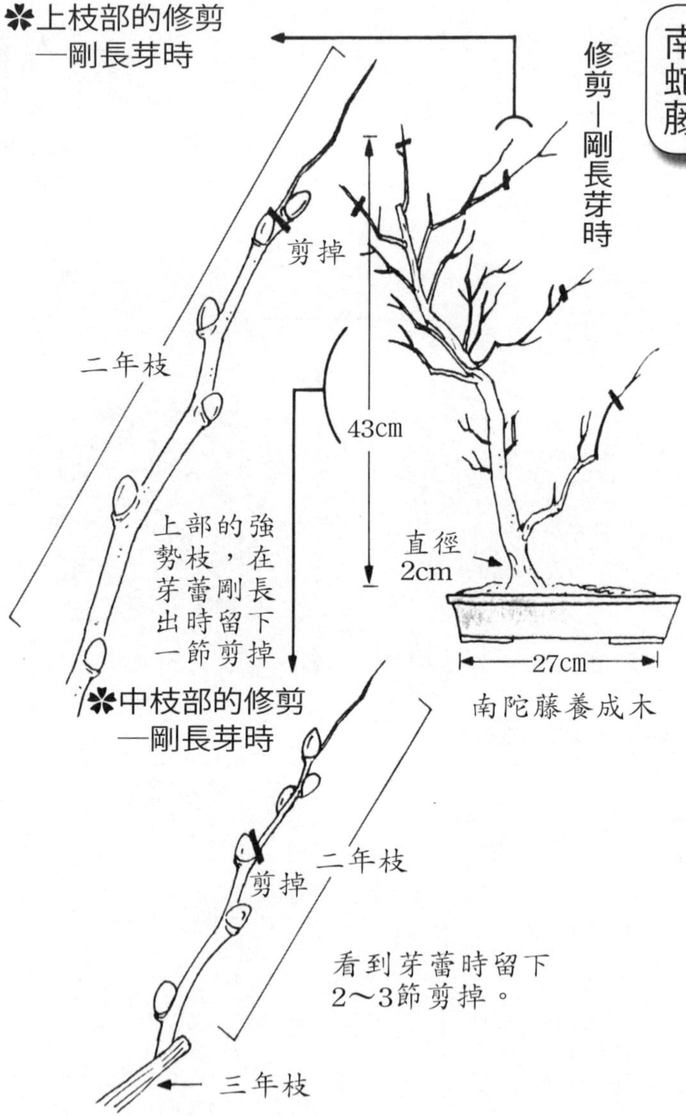

南陀藤養成木

七葉楓

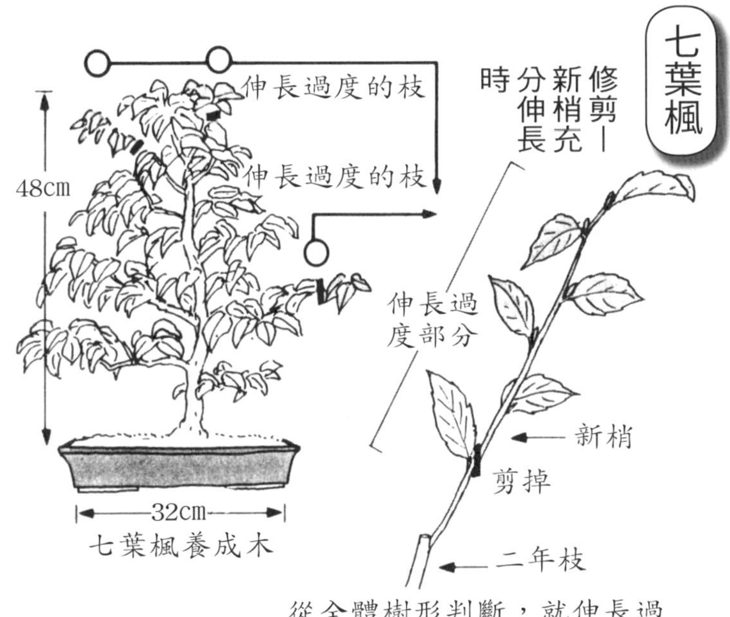

七葉楓養成木

從全體樹形判斷，就伸長過度的枝的超出部分剪掉。

✽從長芽到結果

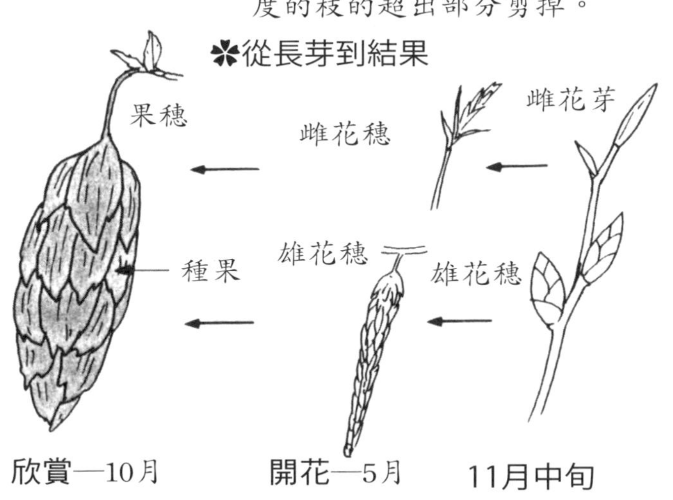

松柏類葉子的整理

整理葉子的目的

樹勢旺盛的盆樹或樹葉過度繁茂的盆樹，需每年或每隔一年整理葉子。整理方法有疏葉、刈葉、拔葉、剪葉等。

這些作業的目的是把舊葉，尤其是二年葉甚至三年葉疏化，刈取、拔取或剪掉，使得通風、陽光良好以利欣賞，一方面也幫助盆樹的健全生長。

需整理樹葉的樹種、時期、特點

．疏　葉

主要對黑松（十月～三月），真柏（九月～十月），錦松（九月～十一月）實施，其目的是新葉和舊葉參差而有礙觀瞻的樹上舊葉，用鑷子或手指拔掉疏化，以

利通風和欣賞。

·刈　葉

主要對黑松（十月～十一月），錦松（十月～十一月），紅松（十月～十一月）實施。當葉子過度伸長而有礙觀瞻時，把長葉（舊葉）修刈使它與新葉的長度一致，以利觀賞的作業。

重要的是修刈後要馬上澆葉水而防止葉焦以及應在降霜之前實施。

·剪　葉

主要對象是錦松（十月），五葉松（八月），這作業是把所有舊葉剪掉使得通風良好以利欣賞的。

五葉松樹勢旺盛的，有時會從剪掉的地方再長芽。

·拔　葉

主要對黑松、錦松、紅松（九月～十月），五葉松（七月～八月）實施，用鑷子或手指拔掉所有舊葉（二年葉），使得葉長整齊，通風良好，陽光普照。

真柏的疏葉

9～10月

✽茂密枝的疏葉（在線的部位疏化）

葉子特別茂密部分的不用枝或忌枝應剪掉，整理樹形。

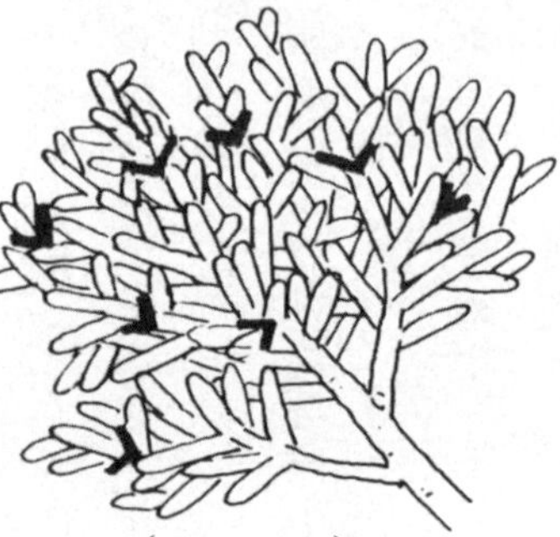

（正面圖）

✽疏葉的方法

用左手夾住要留下的葉子，用右手的剪刀剪掉要疏化的葉子。

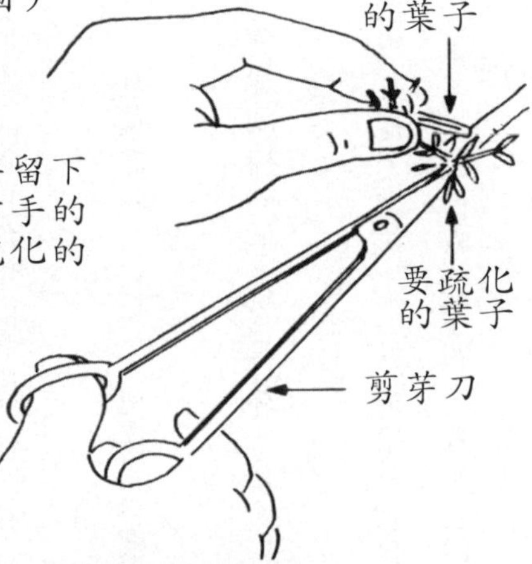

要留下的葉子

要疏化的葉子

剪芽刀

✽茂密枝的疏葉（在線的部位疏化）

一枝的疏葉方法應互相留下小枝造成互生狀。

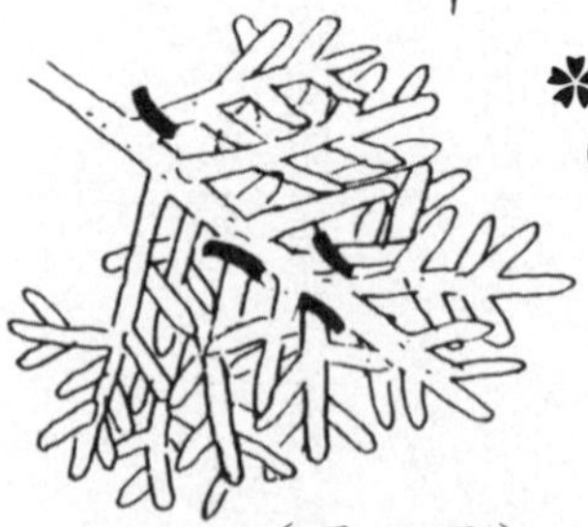

（平面圖）

如果樹勢好，新葉全部留下而舊葉（2年葉）則全部拔掉。

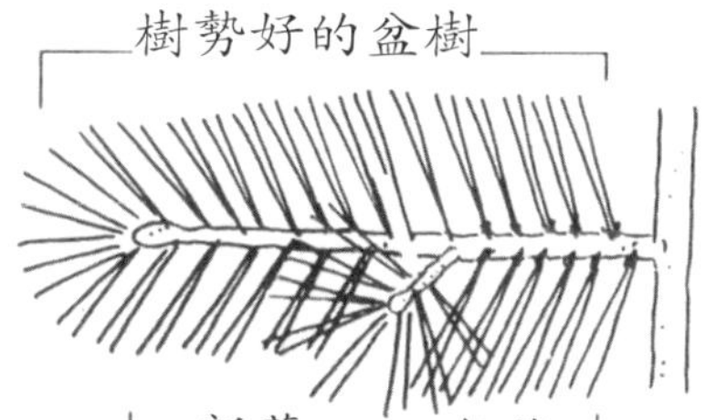

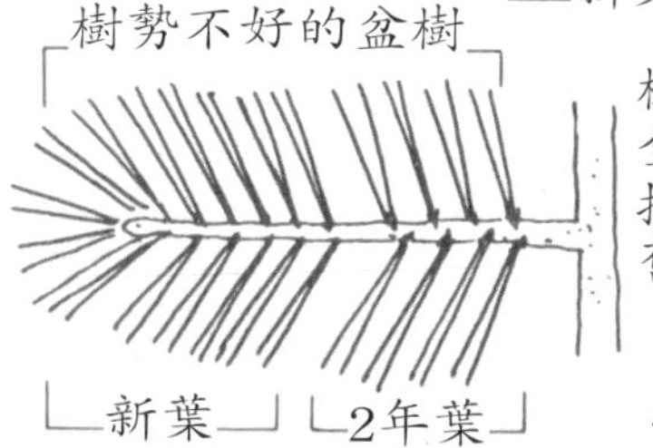

樹勢不好，新葉全部留下而互相拔掉舊葉，留下舊葉2〜3葉。

✻拔舊葉的方法

觀賞為目的刈舊葉

—10〜11月

黑松、紅松、錦松的葉子太長就不好看，須剪短。刈葉後灑葉水。

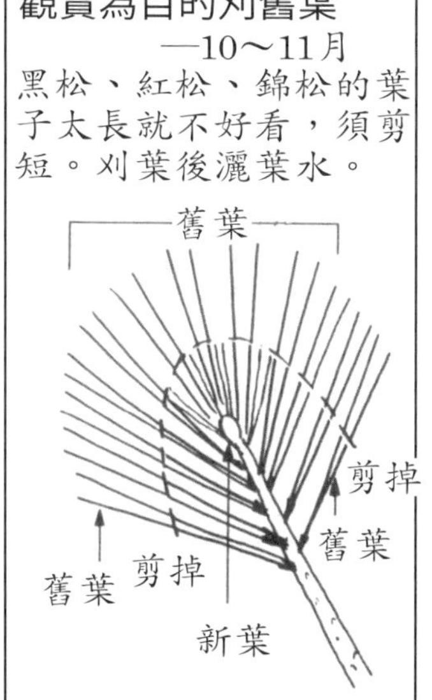

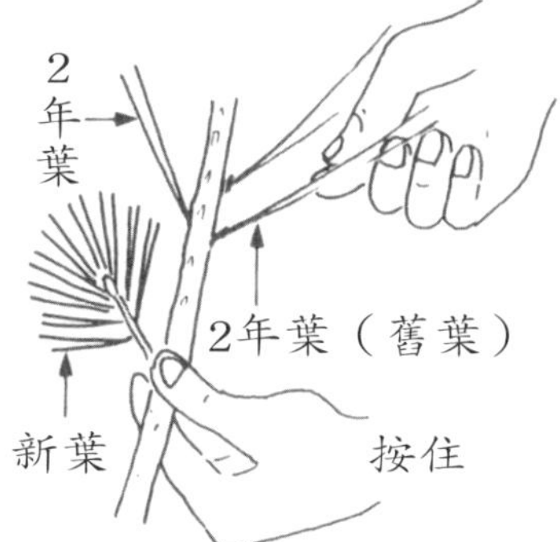

用左手按住要拔掉的葉子下面，用右手拉葉子中間，一葉一葉拉掉。

五葉松的剪葉

8月

✽五葉松的一枝和二年葉剪葉、三年葉拔葉

如①→②→③剪葉或拔葉。先剪掉變黃的2年葉及拔掉3年葉造成之狀態，使得通風良好，容易長芽，以利觀賞。

✽剪葉法

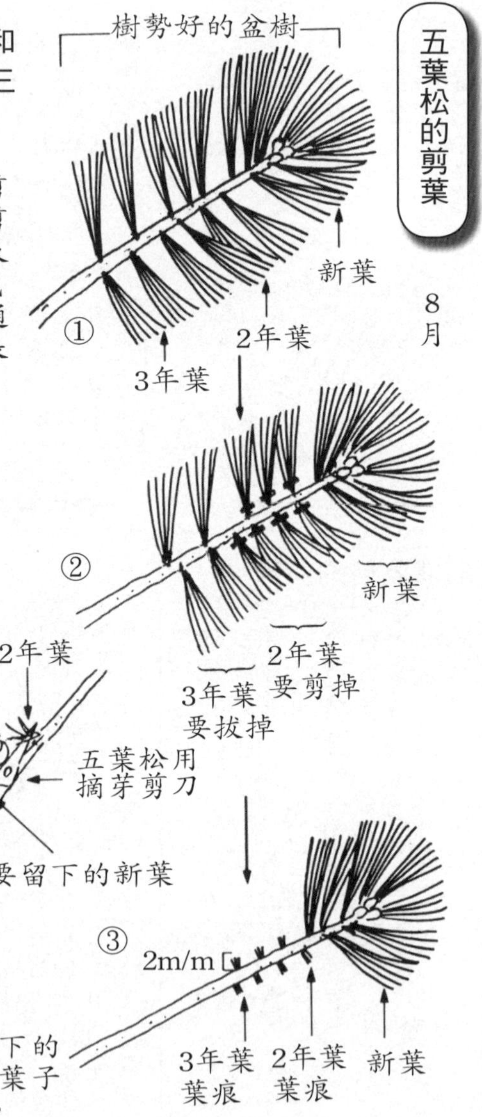

用左手按住要留下的葉子，要剪掉的葉子則留下1～2公厘。

雜木類的刈葉

刈葉和其目的

刈葉就是把樹葉全部或一部刈掉或把葉的一部分刈掉的作業。由於刈葉，需用刈葉剪刀，這與摘芽不同。

刈葉的目的在於修整盆樹全體的樹姿，把枝力平均化，以及促使枝、小枝密集化使得早一點變為成樹。由於樹勢是愈往樹枝尖端愈旺，經刈葉可抑制強勢枝的力量，讓其分到弱枝，藉此把枝力平均化，造成一年二作而促使早日生長為成木。

實施刈葉的樹種和時期

雜木類需要刈葉的盆樹多數為闊葉樹，一般來說，槭（六月上旬前後），櫸（六月上旬），山毛櫸（五月），楓（六月～七月），蘇羅（六月上旬），姬沙羅

（六月中旬），銀杏（六月上旬），桑樹（六月中旬），葛藤（六月下旬），朴木（六月）等。

前面雖記述刈葉的時期，一般說來，最好時期是新葉積集時，因此對於多半樹種來說，在五月至七月之間實施就好。

能實施刈葉的樹況

首先盆樹需有十分樹勢而在能耐刈葉的狀況。因此，對於預備刈葉的盆樹，應自春天就用心栽培充實力量。

大多數的年輕木，養成木都可刈葉，但對老木或樹勢不強的盆樹則不可刈葉，因為可能因此而使得樹木衰弱以致枯死。相反地，樹勢旺盛的盆樹，任你怎麼刈都會長出新葉，因此這種盆樹也許要一年刈葉二次。

依樹況而訂的刈葉方法的原則可整理如左：

樹勢極強的盆樹……全部葉子刈葉並修剪。

中度樹勢的盆樹……全部葉子刈葉。

弱勢盆樹……相互刈葉，或只刈一部分。

極弱盆樹或老樹……不可刈葉。

刈取部分一般在葉柄的中途或葉子的一半或五分之一處等為目標。無論對葉柄部或葉子的一半刈葉，均會造成葉子枯死而自然掉落。實施時應基於以上原則，一方面詳細觀察樹況之後才動手。

刈葉加修剪或紮線

樹勢特強而伸長過度的樹枝，宜留下自分枝處一、二節而修剪，然後把殘存的葉子全部刈葉。請記住，這時大多數盆樹都可做紮線，換句話說，刈葉和修剪或紮線是成為一體的。

刈葉兼摘芽

刈葉後經過十天至二星期，多半樹種都會長出新芽之二度芽。這二度芽可供秋天欣賞。但是槭、楓、櫸等樹勢特強，因能做一年二次的刈葉的樹種，連這二度芽

也要刈掉。

於是在二度芽來未長齊之前，需把不用的芽摘掉，就如同春天的摘芽。這摘芽尤其對年輕木重要，如在這時沒有做好摘芽，在落葉後又需一次剪掉這芽伸長為枝的部分。因此，刈葉和摘芽亦應視為一體的工作。

刈葉後的注意事項

刈葉後盆中的土就顯得不易乾。這是由於葉子減少而水分蒸發減少的關係，這時如果照往常的澆水量澆水，會引起爛根。

山毛櫸的刈葉和修剪

葉子繁茂的五月

可以做刈葉和修剪的限於樹勢強的樹冠部之枝，並不是做全面的剪葉。
將樹冠部的樹勢特強的2節留下，剪掉一半葉子。這樣可使得與下枝之間的力量平衡，當2度芽長出後樹冠部的枝就變密。

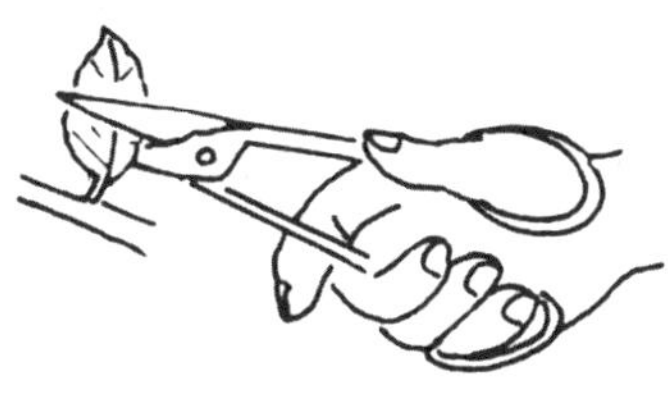

長柄修剪剪刀

沙羅的刈葉

葉子繁茂時

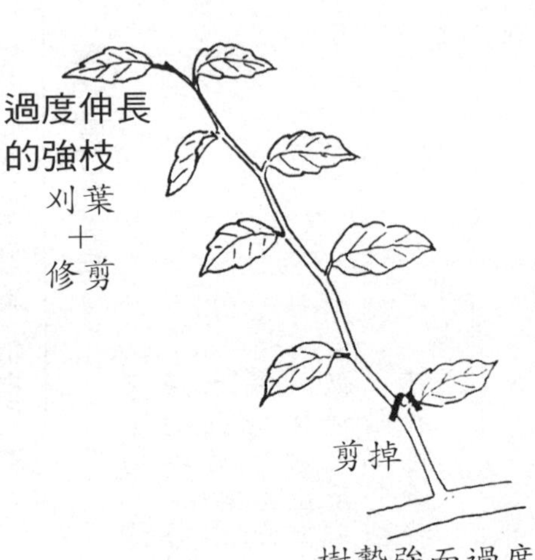

樹勢強而過度伸長的枝，留一節從葉柄處剪掉。

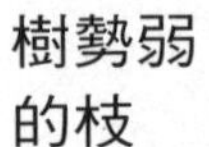

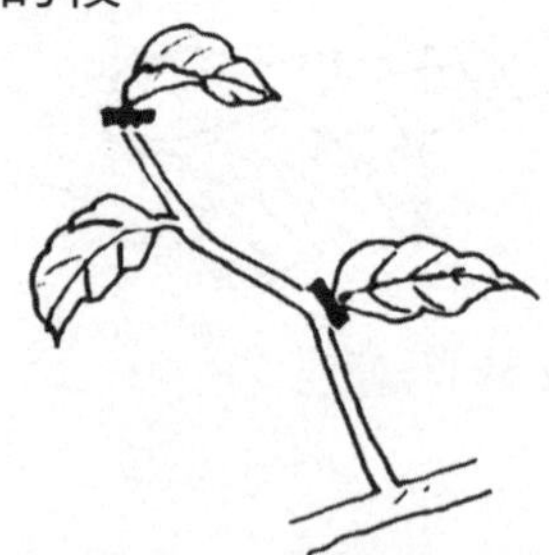

樹勢弱的枝則互相留一葉從葉柄部剪掉。

一般
刈葉

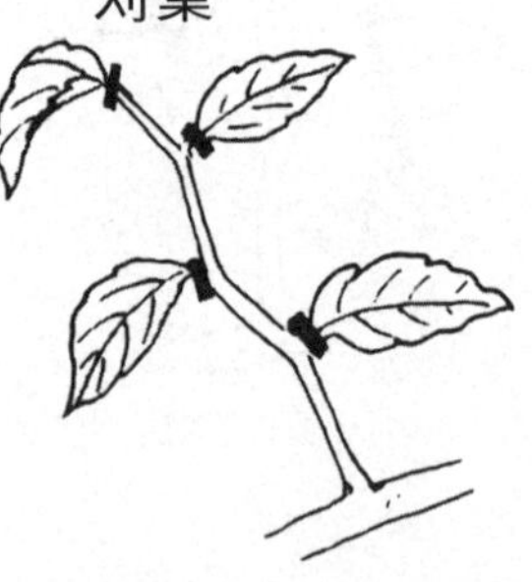

中程度樹勢的枝在葉柄部剪掉。不用芽在芽的時期摘掉。

欅的刈葉

葉子繁茂時（5～7月）

✽枝過度伸長時——刈葉加修剪

須為年輕樹（養成木）。過度伸長的強枝只留一節其他統統剪掉。

✽一般刈葉在線的部位剪掉

一般刈葉是把葉子全部剪掉

刈葉前

刈葉後

✽刈葉的方法

要刈掉的葉子

剪葉用剪刀

葉柄

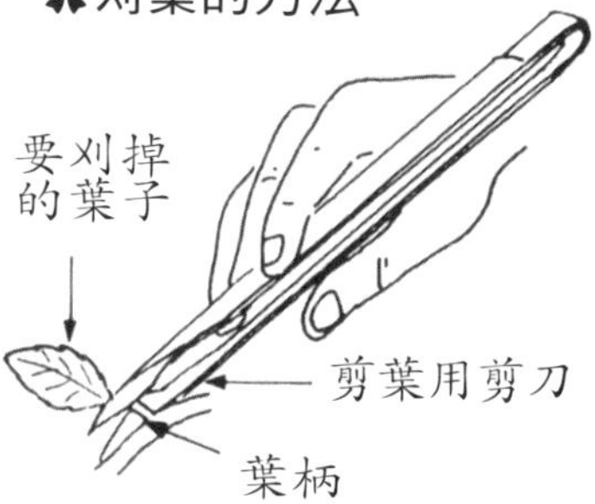

刈葉前後。約十天後長出2度芽，這到秋天可供觀賞。2度芽的不用芽要摘掉。

紅葉（槭）的刈葉

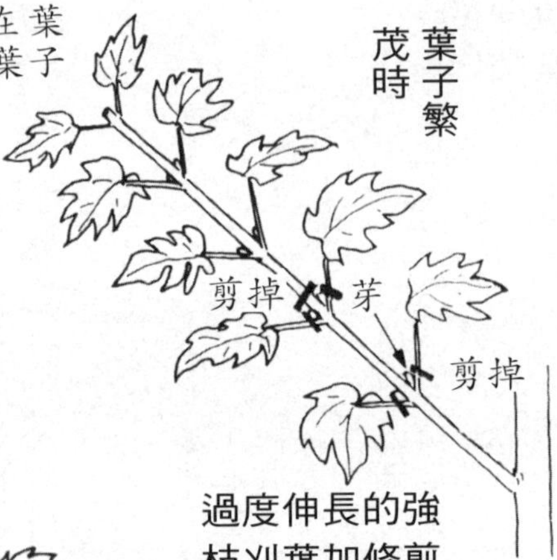

過度伸長的強枝刈葉加修剪

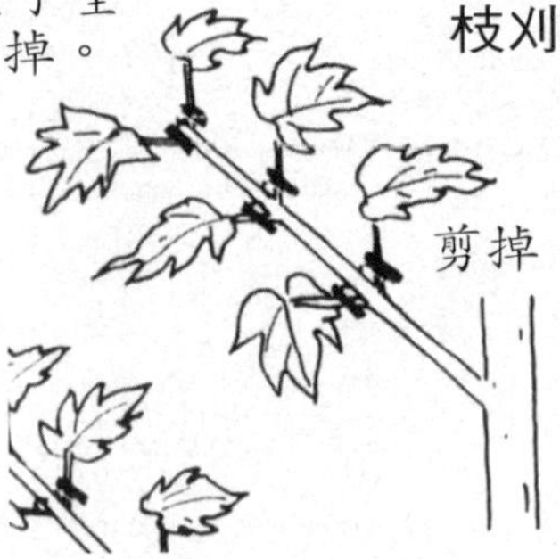

一般的刈葉

樹勢弱的枝

楓的刈葉

葉子繁茂時

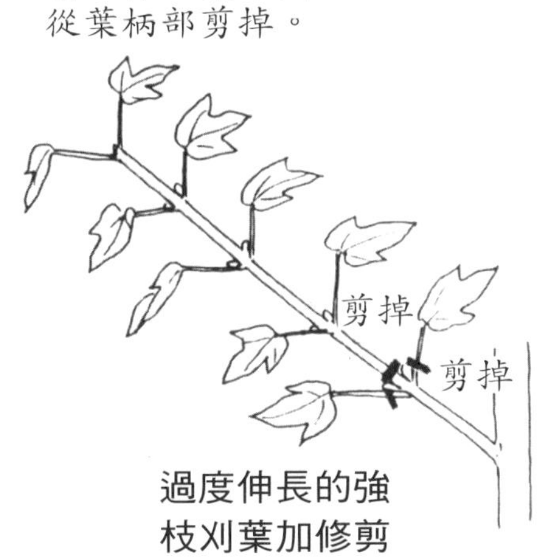

過度伸長的強
枝刈葉加修剪

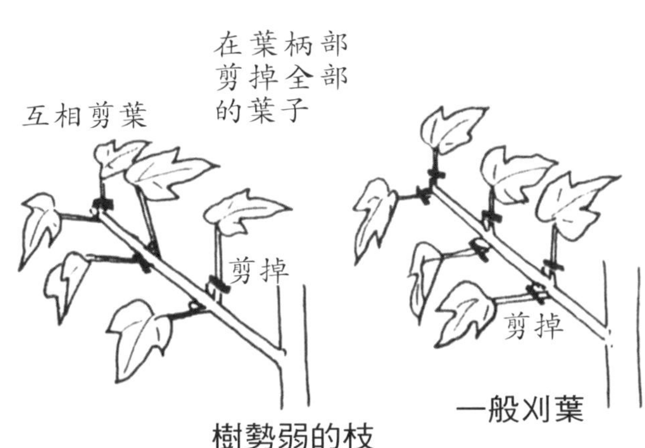

樹勢弱的枝

一般刈葉

改作法

改作是什麼？

對原來的樹姿作大幅度改變，提升樹格而培養的工作叫做改作。一般說來，年久而盆樹形走樣的，樹幹徒長而遲緩的，或購進後覺得不太合意等等原因，需要剪掉樹幹或枝，或折彎幹枝，使得樹形發生大幅度改變的作業都可以叫做改作。

改作三法

改作法可分三大類。

第一法——剪

經剪截之後樹形難免變小，這主要用於小型盆栽，但大型盆栽也可以用剪截法把走樣的幹或枝去掉來提升樹格。

第二法——紮線法

也就是利用金屬線的力量來改變原來的樹形。通常在樹幹、樹枝或小枝架金屬線，使樹相產生大幅度改變，藉此提升樹格。

第三法——前兩法併用

亦即剪掉幹、枝後對殘餘的樹幹或樹枝施加金屬線而改變樹形。改作法中這方法應用最普遍。

改作的適當時期

松柏類的改作利用十月下旬到次年三月上旬的休眠期，但嚴寒期除外。這時期與紮線期重複。

雜木類、花樹類、果實類則宜於正要長芽之前改作，也就是春分前後最適宜。這時期與改植期重複。

舍利和神的作法

造成舍利和神的時期

舍利又名舍利幹，是樹幹因風化而枯死的，神則是樹枝風化枯死的。既然舍利和神也都是盆樹的一部分，它必須與全體樹姿調和，進而能提升盆樹的風格和價值的。

最高級的舍利或神是在天然界產生而調和良好的，但這樣的只能可遇而不可求。因此，多數用人工方法在盆樹的枯死部造成。

造成舍利的時期是在一～三月，長芽之前，而神則常年都可造成。

有舍利或神的樹種

松柏類的杜松和真柏頻生舍利或神，黑松、五葉松、伽羅也會產生。雜木則以

梅樹最多。

造成舍利和神的工具

儘管都叫做舍利、神，其大小不同，所需工具也多樣。初學者只要準備下列工具就可隨心使用。叉枝剪刀、小刀、削皮刀、鑿、各種雕刻刀、銼刀、細齒鋸、鐵槌等。

造成法

請參照一二六～一二九頁圖。

塗抹石灰硫黃合劑

一旦造成舍利和神後，用稀釋二～三倍的石灰硫黃合劑塗抹其全部表面，塗成白色增加美觀。塗抹時期應在造成舍利部分開始樹肉侵入時，不可在舍利完成隨即塗抹，因為這樣常因藥液浸透而致使樹幹枯死。

舍利的做法

例：杜松
時期：2～3月

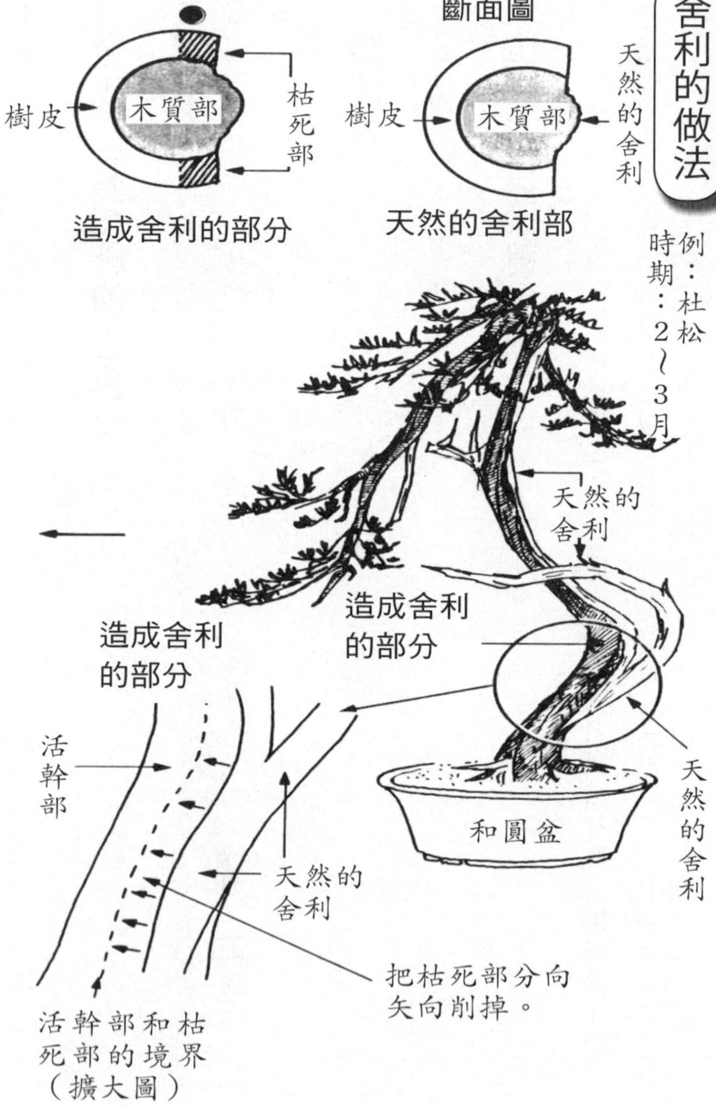

斷面圖

樹皮
木質部
枯死部

造成舍利的部分

樹皮
木質部
天然的舍利

天然的舍利部

天然的舍利
造成舍利的部分
天然的舍利
和圓盆

造成舍利的部分
活幹部
天然的舍利
把枯死部分向矢向削掉。
活幹部和枯死部的境界（擴大圖）

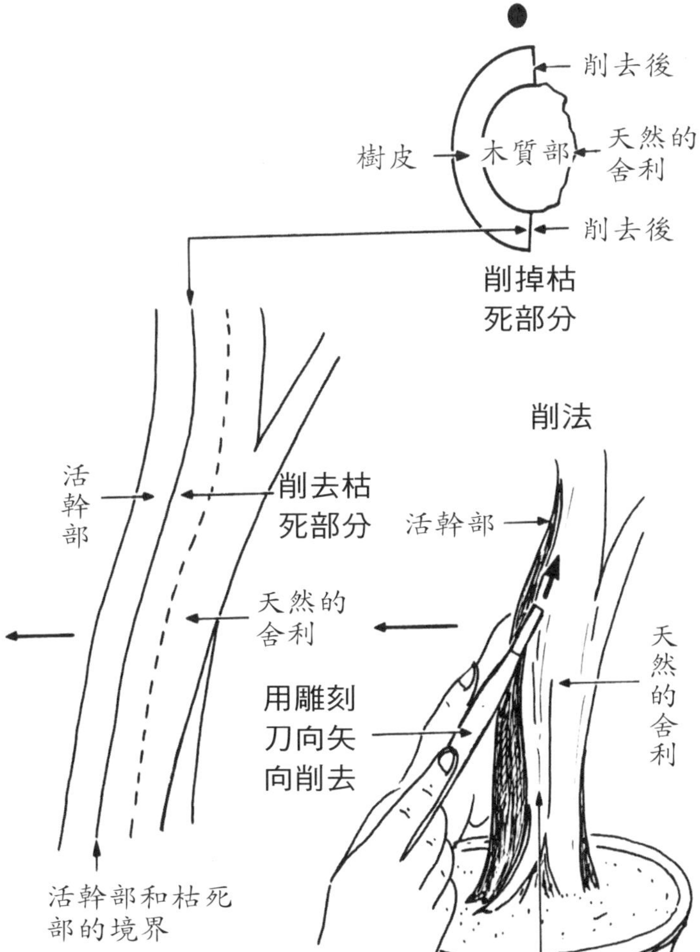

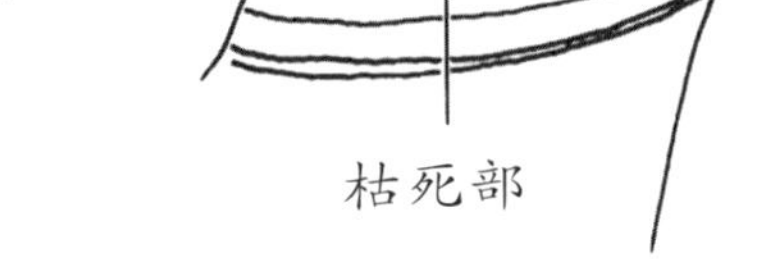

活的樹幹樹皮白而水充足且頗有生氣，因此活部的部分和枯死部分的境界很清楚。應削到其境界。

樹肉
木質部
樹肉
樹皮
樹皮
木質部
修整完畢
完成後的舍利部
樹皮
粗削木質部
木質部
做修整削的部分
粗削後

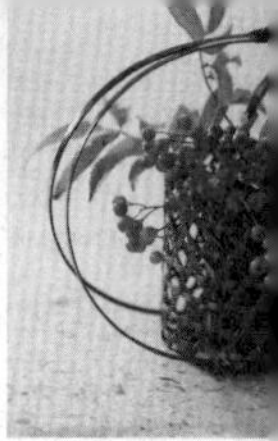

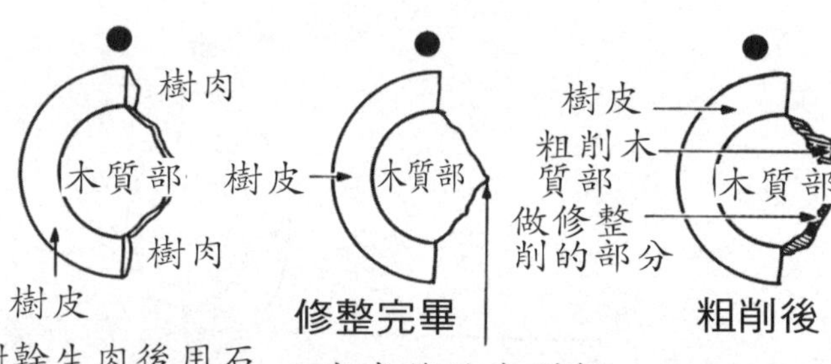

樹幹生肉後用石灰硫黃合劑塗抹於有色部分。

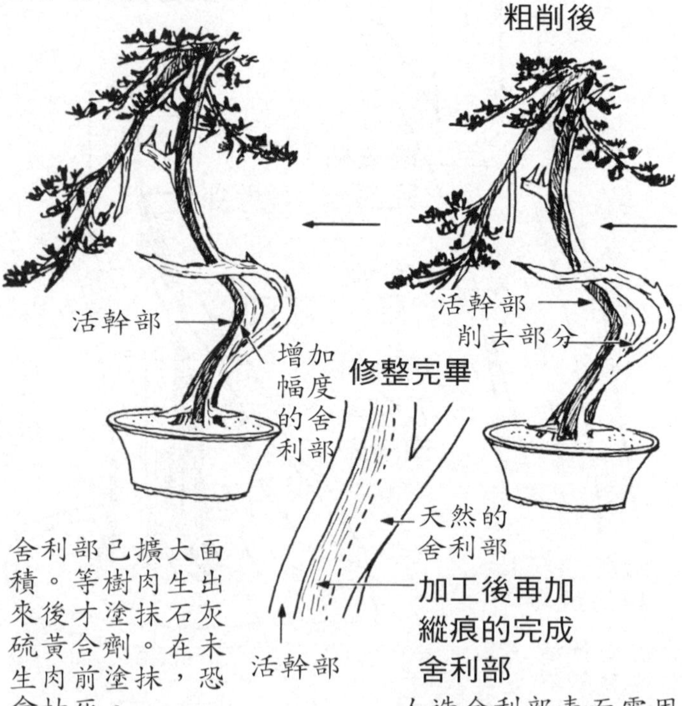

粗削後
活幹部
增加幅度的舍利部
修整完畢
活幹部
削去部分
天然的舍利部
加工後再加縱痕的完成舍利部
活幹部

舍利部已擴大面積。等樹肉生出來後才塗抹石灰硫黃合劑。在未生肉前塗抹，恐會枯死。

人造舍利部表面需用雕刻刀加工使其像天然舍利。

神的做法

隨時

✽造成神的部分和剝樹皮

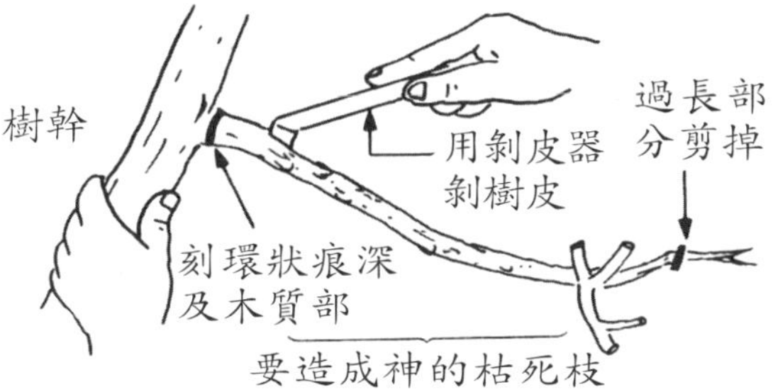

✽用剉刀清除皮屑

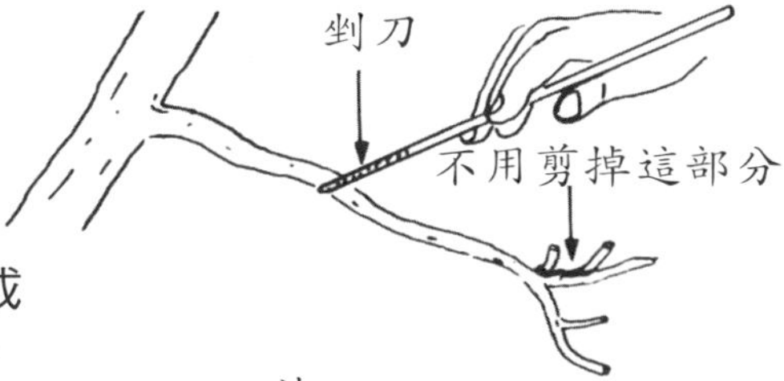

✽完成

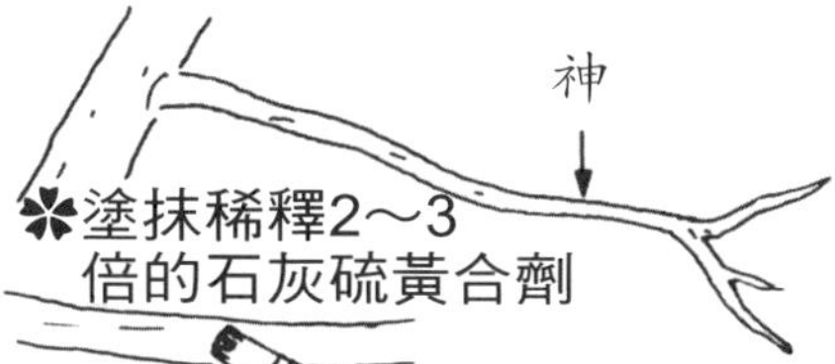

✽塗抹稀釋2～3倍的石灰硫黃合劑

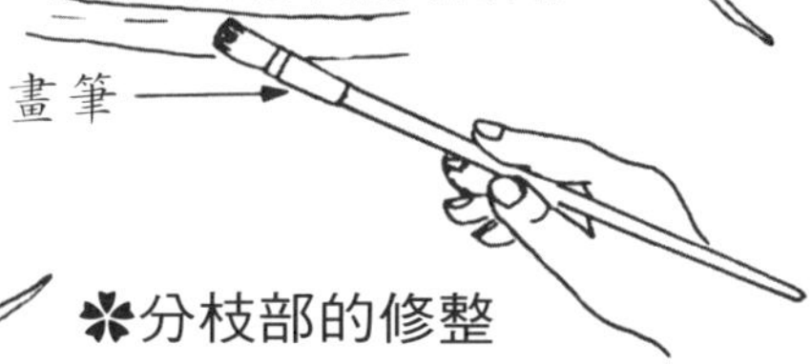

✽分枝部的修整

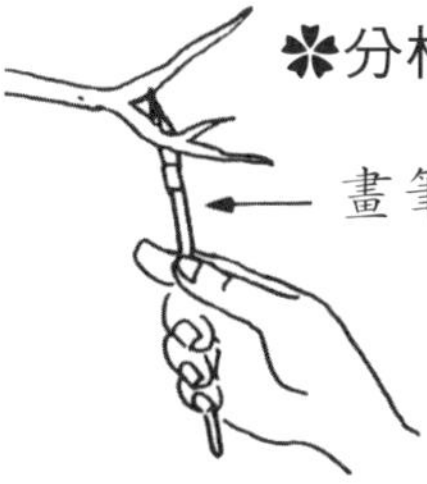

第四章
各種盆栽的培養法

黑　松

黑松的品種、產地和特色

黑松（Pinus thunbergii Parl），又稱日本黑松，原產日本及朝鮮半島，由於其雄壯而格調高，黑松在盆栽界有「盆栽之王」的稱號。其品種和特色因產地而異。

台灣黑松是常綠喬木，樹高約十五～三十公尺，樹皮黑灰色。幼樹的樹冠呈圓錐型，成樹呈傘形。葉短而堅挺、粗而鋼硬，碰觸有刺扎感，兩針一束，偶見三針一束，各針葉長約六～十五公分，斷面半圓形，葉肉中有三個樹脂管，葉鞘由二十多個鱗片形成，長約一．二公分。毬果呈錐狀卵形，狀似盛開花朵，長約三～五公分。

日本山陰產的樹皮成龜甲狀，廣島和四國產的適合任何人，鹿島地方的鹿島松的樹皮面不易變粗，岡崎或豐橋地方產的三河松則葉粗而短，頗具男子氣概。

繁殖法和樹形

繁殖法用播種法（一三六頁），接枝法（一七七頁）及插條法（一五四頁），適當時期為三～四月。

黑松的培養樹形很多，依多數的順位列出有，模樣樹、直幹，斜幹，抱石、懸崖、半懸崖、聚植、株立、連根、吹筏、雙幹等幾乎包攬所有樹形。

逐年培養法

第一年　如一三六頁，播種發芽繁殖後插芽。放於陰處半天，十天後就可搬上戶外的培養棚。務必天天澆水，但不施肥。至十二月上旬就搬進窖室或室內保護。

第二年　把插芽盤上的苗樹移植到盆上，充分澆水（澆到由盆底流出的程度）後直接搬到戶外的培養棚。澆水需每天二次，一直繼續。可撒布少量油粕粉於盆上，每月施肥一次。到十二月仍搬進窖室或室內。

第三年　在四月上旬，從窖室搬到戶外培養棚。每月施放一次少量油粕粉，一

直到十月下旬。

依一三六頁做疏葉作業。這是防止樹的徒長而促成短粗的威樹的方法，成長也快。

第四年　這年樹高將達到十公分左右。這一年也在四月上旬自窖室搬到戶外培養棚。澆水和施肥仍照往年的方式繼續。

這年要做停止頂芽作業以防徒長，如一三七頁。

第五年　三月中旬從三號盆改植於五號盆。用土可用培養盆相同的。由前盆拔樹後，把約三分之一的根和土除掉，改植於五號盆。然後充分澆水，直接拿到戶外棚上。以後，按第四年的方式，在同時期做同樣的作業。

這年要做頂部拔葉，如一三七頁所示。

第六年　這一年要修剪，如一三八頁。修剪時把新伸出的芽在分枝處剪掉，懷枝上的新芽也在分枝處剪除。

此外，懷枝上的葉子要拔葉，只留下四～五支程度。

另外，這一年應做紮線，整理樹形。調整原則是下枝稍微調向下方，中校則與

樹幹水平，至於上枝則不必紮線。整理樹形時當然也要考慮前枝和背枝，把整枝或整樹形成不等邊三角形的形狀。

培養法

第七年以後　則重複第六年的作業，但是不必像第六年那麼大規模的整姿。只在上枝或小枝上紮線，使上枝稍微向上，在小枝上的紮線則使得整個樹形無論從那一方向看去，都成不等邊三角形為目的。

根部則弄成粗而向四方伸長放射狀的形狀。如此培養，每三、四年改植一次，重複剪修和紮線。

每年一月應施行消毒以防紅蝨或貝殼蟲。這可用石灰硫黃合劑的三十～三十五倍稀釋液，通常以噴霧器噴於樹幹和葉子上。

播種

第一年4月上旬

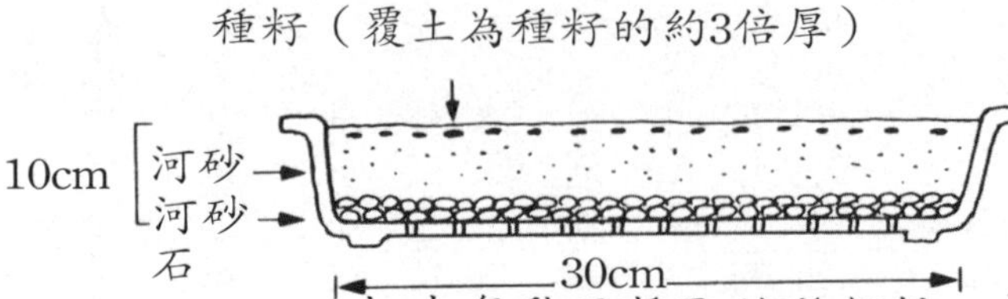

種籽（覆土為種籽的約3倍厚）

10cm 河砂 河砂石

30cm

把去年秋天採取的種籽播放素坯盆。

插芽

第一年5月上旬

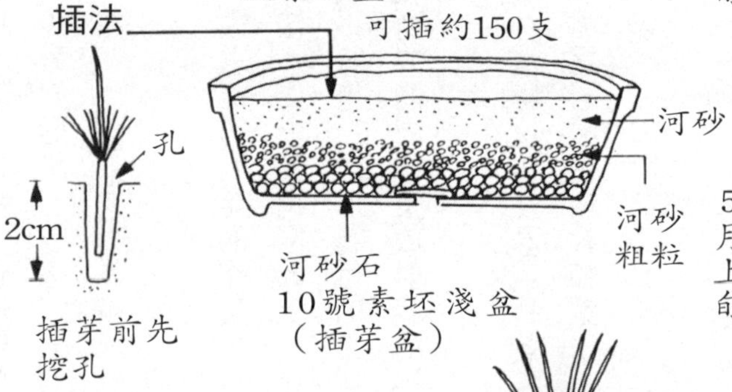

插法

可插約150支

孔

2cm

插芽前先挖孔

河砂

河砂粗粒

河砂石

10號素坯淺盆（插芽盆）

移植於培養盆和施肥

第二年4月上旬、6月中旬

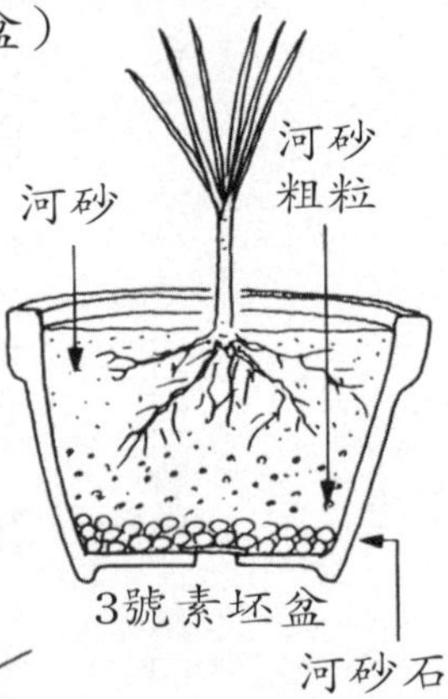

河砂

河砂粗粒

3號素坯盆

河砂石

把根展開種植，注意不要把根弄斷或傷害。

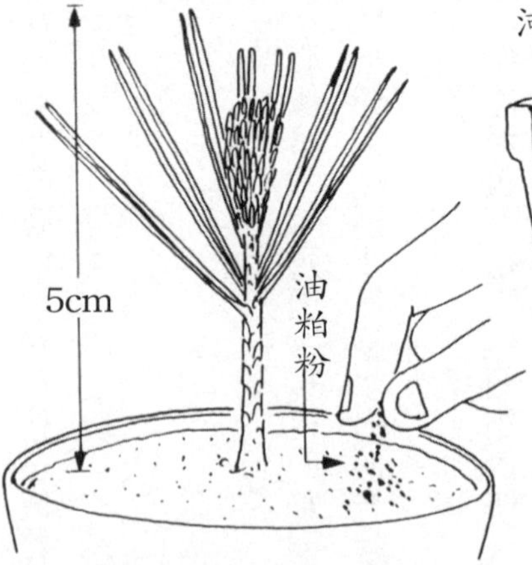

5cm

油粕粉

6月中旬至10月末每月施放少量油粕1次。

拔葉

第三年 5～9月

用鑷子拔掉

留下約8葉

拔葉後

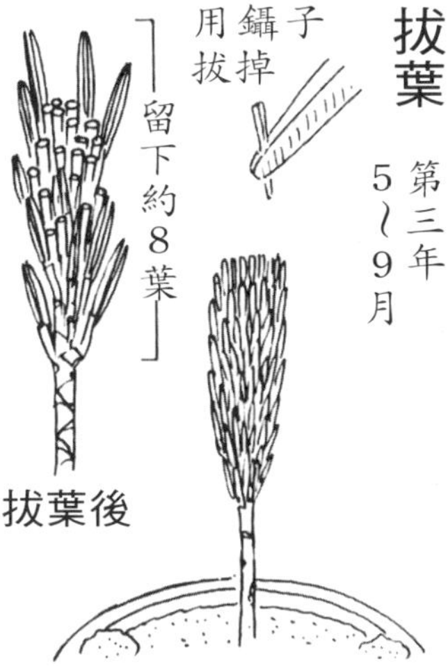

拔掉新芽葉，留下約8葉。

剪頂芽

第四年 6月

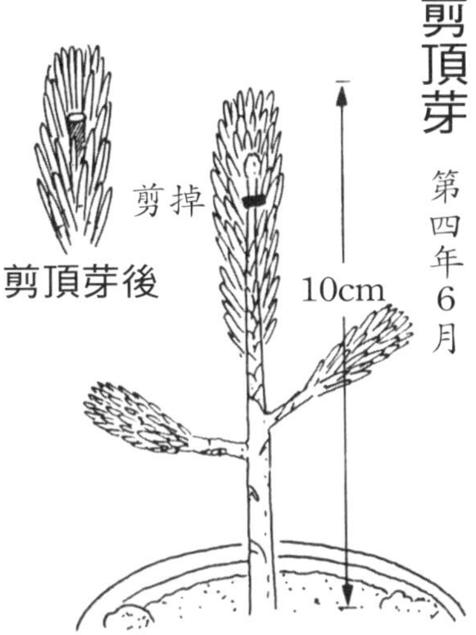

剪掉

剪頂芽後

10cm

新芽停止伸長就要剪掉頂芽尖端。

頂部的蔬菜

第五年 9～11月

拔葉

留下4～5葉

拔葉後

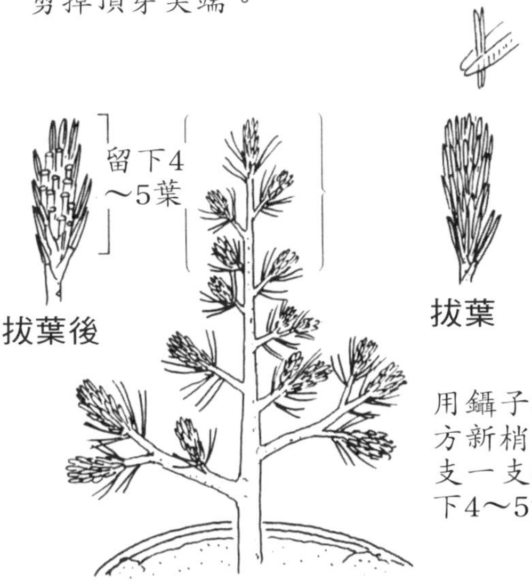

用鑷子把樹的上方新梢的葉子一支一支拔掉，留下4～5葉。

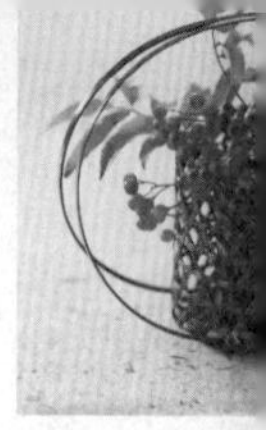

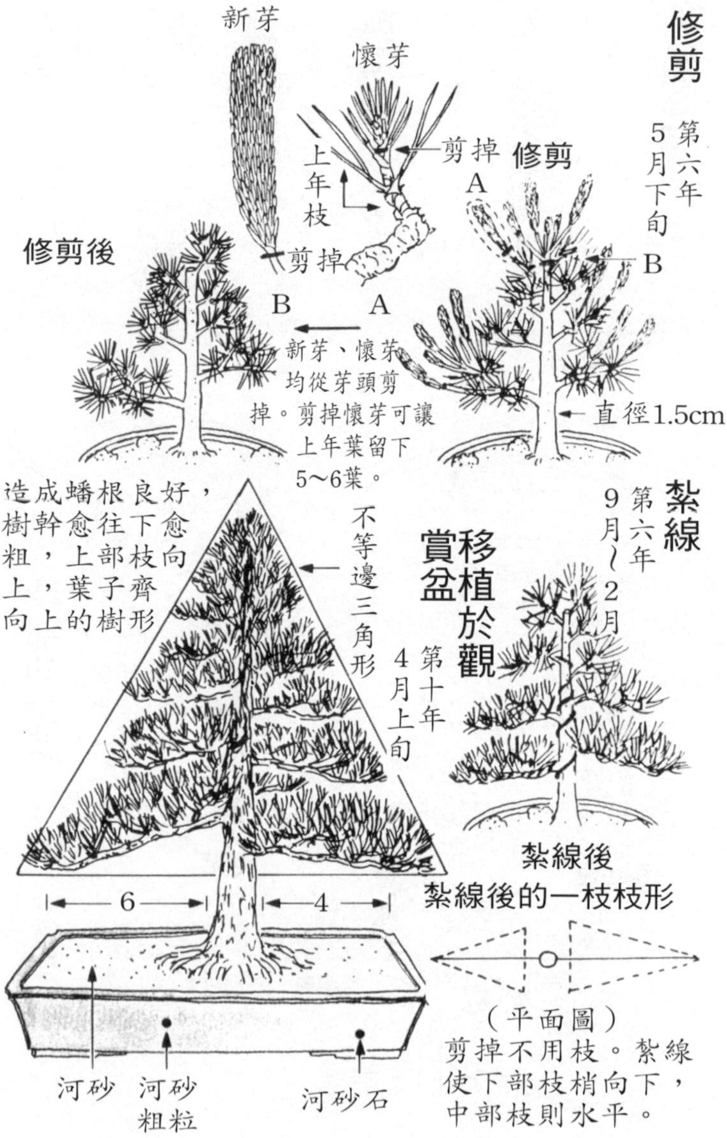
修剪
第六年
5月下旬
新芽
懷芽
上年枝
剪掉
剪掉
修剪
A
B
修剪後
B A
新芽、懷芽均從芽頭剪掉。剪掉懷芽可讓上年葉留下5～6葉。
直徑1.5cm
紮線
第六年
9月～2月
紮線後
紮線後的一枝枝形
（平面圖）
剪掉不用枝。紮線使下部枝梢向下，中部枝則水平。
移植於觀賞盆
第十年
4月上旬
造成蟠根良好，樹幹愈往下愈粗，上部枝向上，葉子齊向上的樹形
不等邊三角形
6
4
河砂
河砂粗粒
河砂石

五葉松

五葉松的品種、產地和特徵

五葉松的幼樹，是現代愛盆家最喜愛的盆樹。

五葉松是常綠大喬木，樹高可達十五～二十五公尺，直徑可達一・五公尺。樹皮灰竭色至黑竭色；幼樹樹皮光滑。葉為針狀葉，五針一束，偶有二～四針一束，葉橫斷面呈三角形，外生樹脂道二個。雌雄同株，雄花腋生，呈黃色至橘紅色，雌花近頂生或腋生，呈紫紅色。

台灣五葉松（Pinus morrisonicola Hayata），分佈於海拔三百～二千五百公尺的山區，常混生於闊葉樹林中。在石碇、大坑、清水山、蕙蓀林場、中橫、南橫梅山口至檜谷及北大武山等地皆可見。台灣五葉松其葉通常在八公分內，毬果直徑約四公分，種子具長翅。

日本在盆栽界依產地分為關東、東北產和關西產二大類。屬於前者的有阿爾卑斯五葉松、淺間五葉松、上越五葉松、那須五葉松、福島五葉松、藏王五葉松等，後者有四國五葉松，官島五葉松等，各冠產地名。另外有八纓五葉松。

繁殖法和樹形

播種法佔大部分約九十％，其次就是接木（用播種法培養的三年生黑松做台木，接八纓）和壓條法。很少用插條法，只有八纓瑞祥用此法，因為它容易生根。也可購播種法三～五年的種樹（一四二頁）培養。

樹形有直幹，花樣木、斜幹、雙幹、連根、立株、懸崖、抱石、文人木等。

逐年培養法

第一年　如一四二頁，於三月下旬購進種樹。隨即放在日照和通風良好的戶外培養棚上，在表土未乾前澆水。

四月上旬，施放油粕丸三個。在七月上旬和九月下旬再施放各三個，但換位置。

四月中旬及七月上旬做蚜蟲及綿蚜蟲的預防消毒工作，通常用士密松等依說明書稀釋，噴施於全樹，尤其葉子表面和背面。

剪芯方法請參照一四二頁圖。

剪不用枝以及樹幹、樹枝的架線法請參考一四二頁。原則上，上枝稍微向上，中枝則保持水平或稍微向下，下枝則向下方，均伸直。冬天則放進窖室管理。

第二年　三月下旬，移至四號培養盆，用土和方法如一四四頁圖所示。隨即澆水放於戶外棚上。往後的澆水，施肥、消毒和收容均照第一年進行。

第三年　這一年的澆水、施肥、消毒、剪芽剪舊葉等作業均按第二年。

十月中旬對樹枝和小枝紮線。到第三年，芽數增加，枝樹也繁茂，樹形已亂，因此需紮線整姿，同時起芽。由這些工作把芯部的樹枝引出水平方向，做成從側方看去時樹枝成為一支線的樹形。

購進種樹、剪芯

第一年 3月下旬 6月中旬

由於芯部勢力強會伸長過度，因此留下7～8束葉子剪掉芯部。

新芽的生長

第一年7月下旬

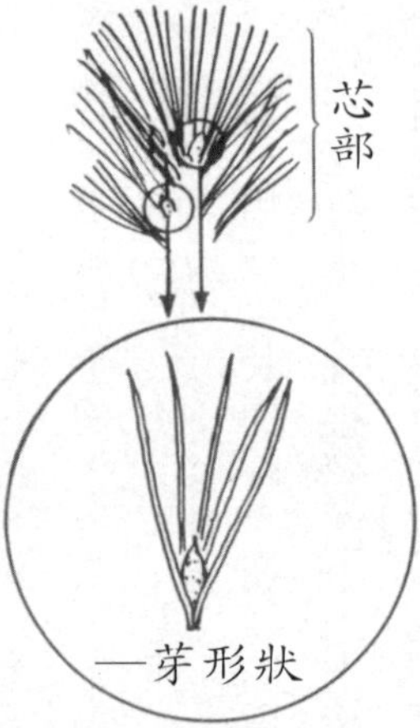

留下的芯葉之間再長出芽，往後會變成芯部。

剪疏不用枝、樹幹和枝的紮線

第一年 10月

把對生枝互相剪掉造成互生，同時形成插枝。

樹幹和枝紮線法

各枝均不做模樣下部造形向下，中部水平，上部則向上。

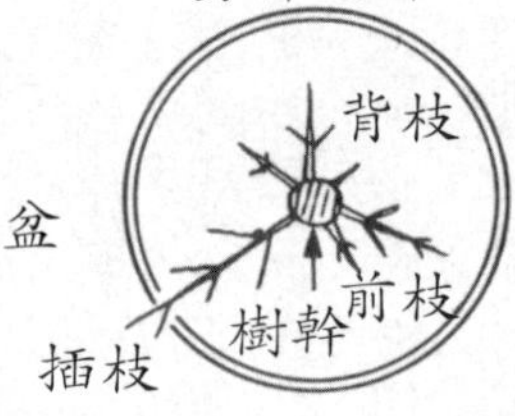

紮線後平面圖

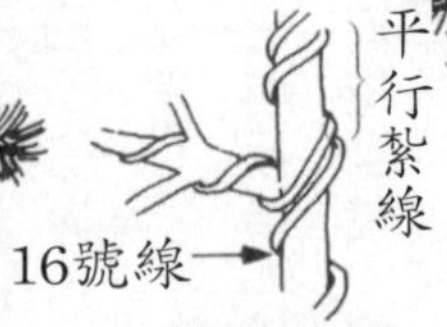

紮線方法

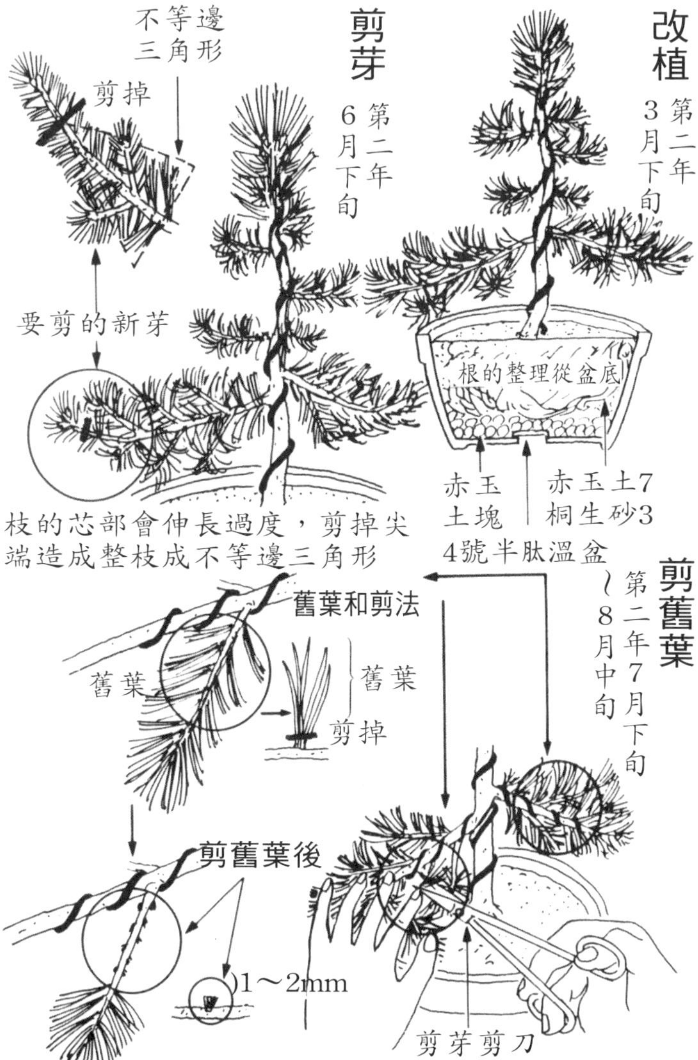

枝的芯部會伸長過度，剪掉尖端造成整枝成不等邊三角形

2年葉會變黃，因此需全部從葉頭剪掉。留下1～2公厘通風會良好、曬日亦好。

枝和小枝的紮線

第三年10月

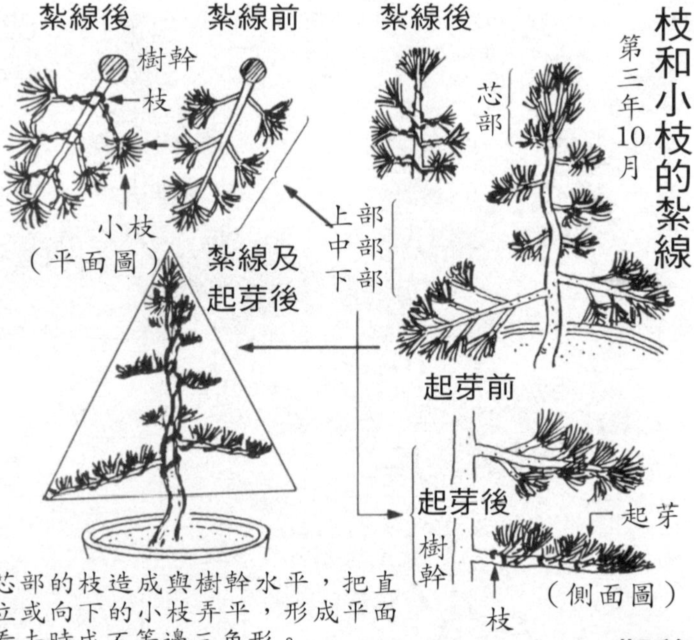

紮線後　紮線前　紮線後

樹幹
枝
小枝
（平面圖）

芯部
上部
中部
下部

紮線及起芽後

起芽前

起芽後

起芽
樹幹
枝
（側面圖）

芯部的枝造成與樹幹水平，把直立或向下的小枝弄平，形成平面看去時成不等邊三角形。

移植於觀賞盆

第四年3月下旬

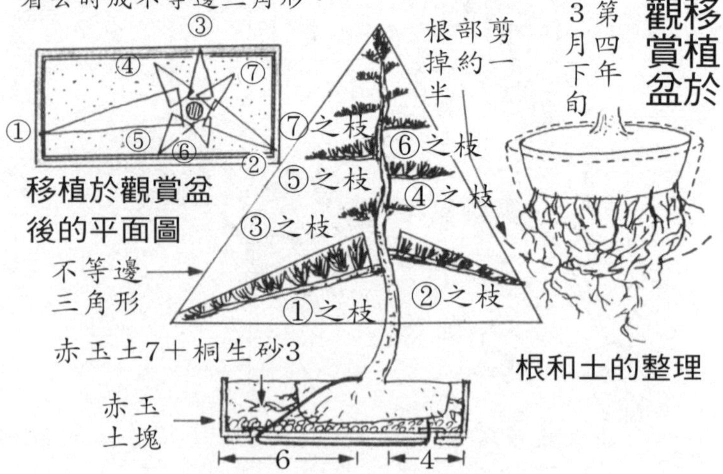

根部剪掉約一半

①②③④⑤⑥⑦

移植於觀賞盆後的平面圖

⑦之枝
⑥之枝
⑤之枝
④之枝
③之枝
②之枝
①之枝

不等邊三角形

赤玉土7＋桐生砂3

赤玉土塊

6　4

根和土的整理

真　柏

真柏的種類和產地

真柏分布於海拔一千四百公尺的山地，喜光，略耐陰，耐寒性強，亦耐瘠薄，能生於岩石縫中。屬柏科，圓柏屬。常綠灌木，枝幹常屈曲匍匐，小枝上升作密叢狀。刺形葉細短，交互對生或三葉輪生，長三～六毫米，緊密排列，微斜展。球果圓形，帶藍綠色。

台灣盆栽界的真柏，除了日本系統品種外，可分為二類。

1. 山採真柏

原生地真柏屬於高山型植物，高山上日夜溫差大，四季分明，冬眠時間長。平地日夜溫差小，幾乎沒有冬眠期，因此，將原生地真柏移殖到平地時，由於氣候的差異，使真柏存活不易。每一株山採真柏皆屬實生，實生苗基因突變機率大，幾乎

一株一品種，所以每一株的葉型與葉色皆不盡相同。

2. 田培真柏

田培真柏一般通稱台灣真柏，葉團狀結構結實，色澤翠綠，木質部油脂豐富，紅格可媲美日本山採的系魚川真柏，非常堅固耐久。

日本真柏分為葉子稍帶黃色的金性和稍帶白色的銀性二大類。銀性為數不多，金性則冠以產地名，如系魚川性、四國性、紀州性等。

繁殖法和樹形

真柏可用插條及接木法繁殖，一般購進用插條法三～五年後的種樹培養。樹形多半為花樣木，其次是曲幹或斜幹。也可整成直幹、雙幹、懸崖、抱石等形。

逐年培養法

第一年　購進種樹（一四八頁）移植於培養盆，然後放進戶外棚上。然後趁表

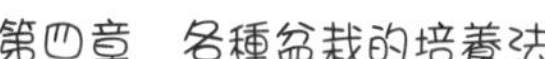

土未全乾前充分澆水。四月初施放油粕丸二個，到七月及十月上旬再放二丸。四月至八月之間每二個月做一次紅蝨等的預防消毒。噴藥濃度依說明書的指示調配，可用土密松等。

紮線和樹幹模樣照一四八頁進行。到十二月上旬，盆樹應移到有日曬的屋簷下管理。

第二年　三月下旬搬到戶外棚上，照第一年的方法做澆水、施肥、消毒等工作。

這一年要做改植觀賞盆（一四九頁），摘芽（一四九頁）作業，同時除掉前年的線（十月）。自第二年起，冬天也可以放在戶外棚上。

第三年　照第二年管理，作業種類和時期均相同。另外在五月～十月間應摘除不用芽，如一五〇頁。

培養法

每年做第三年的管理，每三年改植一次。

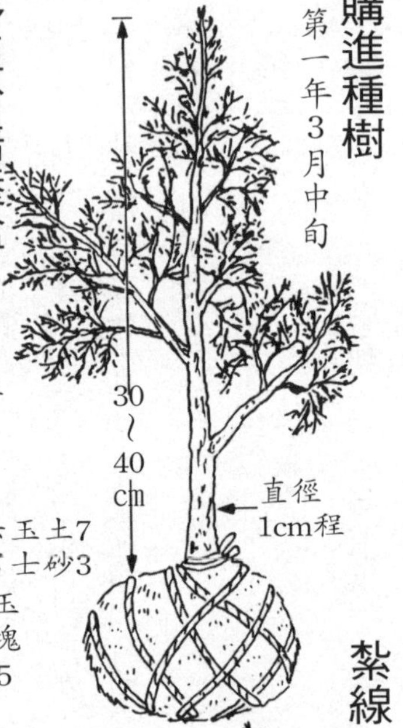

樹幹順利生長、枝多、第3～5年插條種樹移植於培養盆。

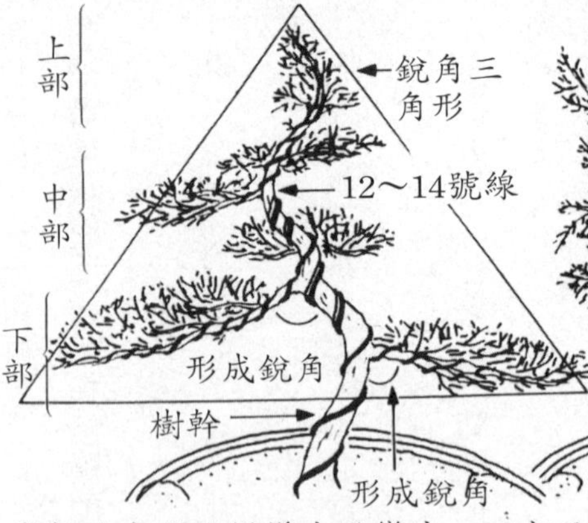

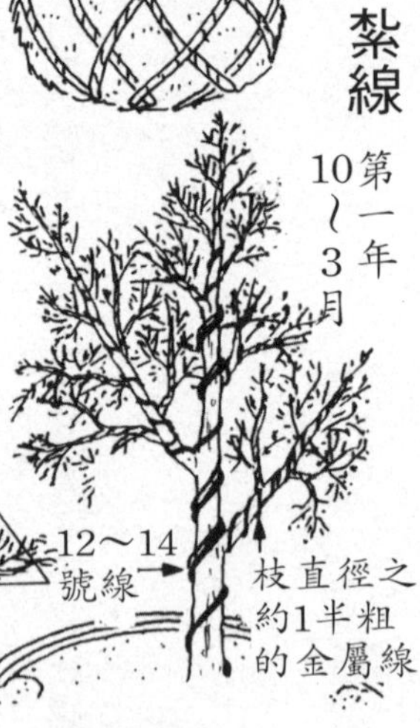

樹幹造成稍具模樣木的彎度。下部及中部與樹幹形成銳角，上部枝則成水平或稍向下。從正面看時形成銳角三角形才是真柏的基本形。

移植於觀賞盆

第二年3月下旬

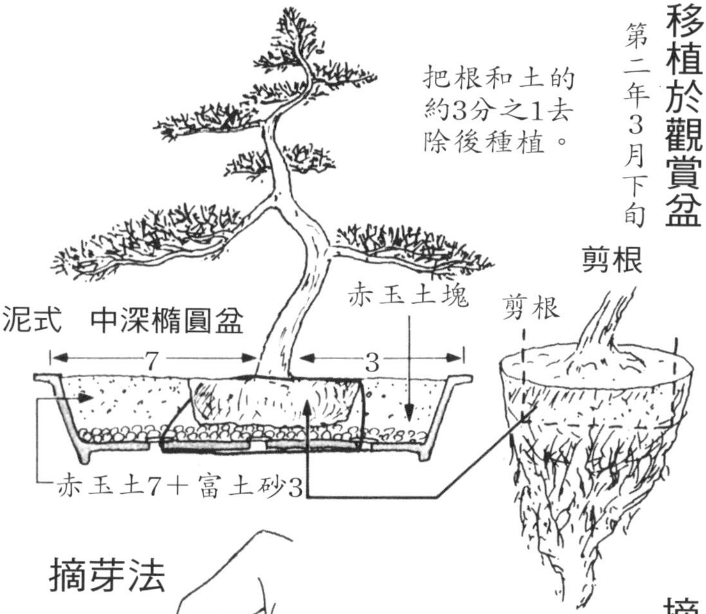

把根和土的約3分之1去除後種植。

剪根

泥式　中深橢圓盆

7　3

赤玉土塊

剪根

赤玉土7＋富土砂3

摘芽

第二年5～10月

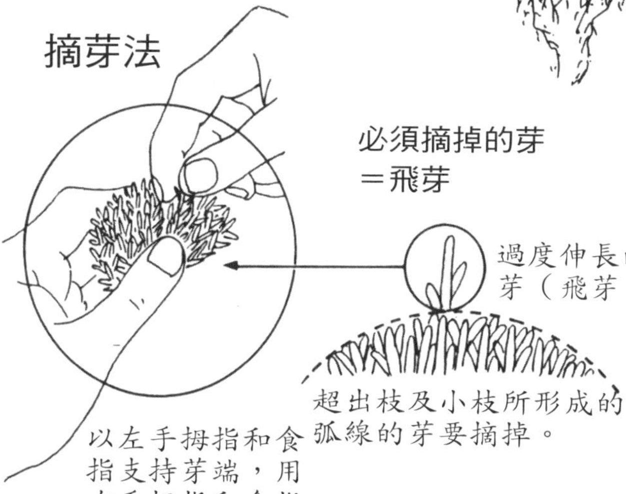

摘芽法

必須摘掉的芽＝飛芽

過度伸長的芽（飛芽）

超出枝及小枝所形成的圓弧線的芽要摘掉。

以左手拇指和食指支持芽端，用右手拇指和食指夾芽，用拔出的動作摘芽。

剪不用芽

第三年5～10月

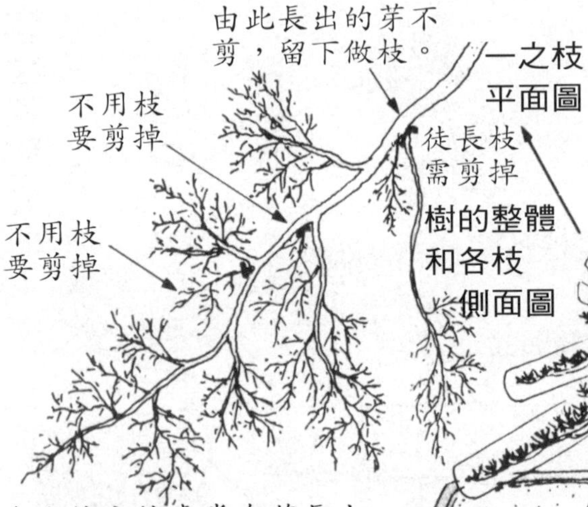

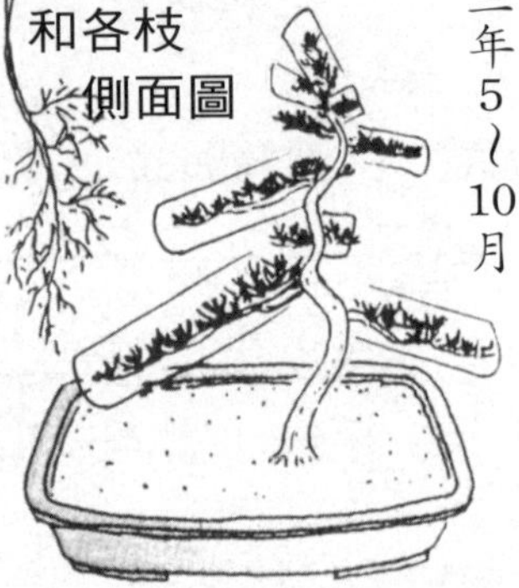

在小枝分枝處常有芽長出，這些芽中認為對造型上不用的芽要剪掉，使得枝及小枝形成互生狀。

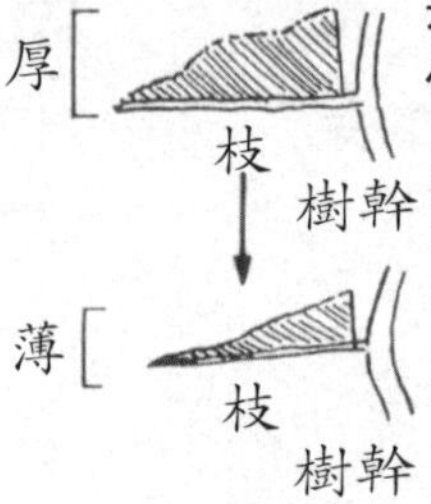

培養

第四年以後

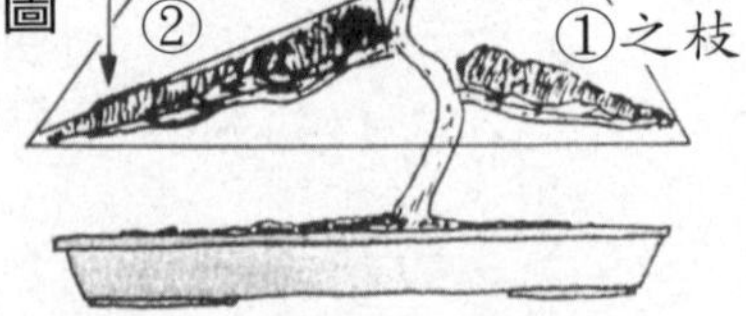

樹形、枝形、小枝形的平面也形成銳角三角形。

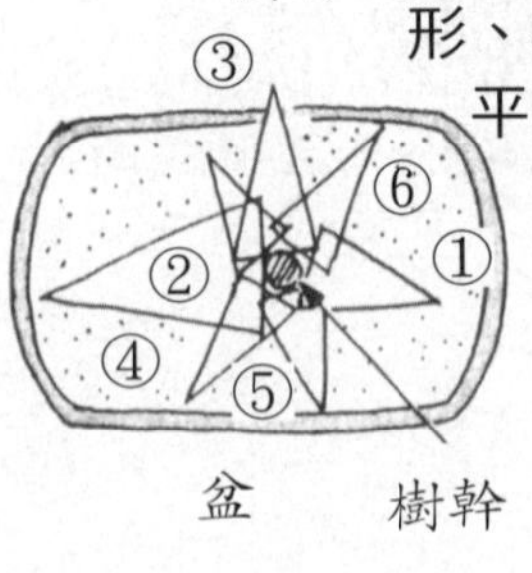

杜松

杜松的產地和性質

杜松為柏科，圓柏屬。別名樫、樅、檜、天木檜樹、香松柏、剛檜、軟葉杜松等。原產於日本、韓國及中國大陸東北、華北、西北各省。台灣於一九七八年間由日本引進；大多以盆缽栽植觀賞，是有名的盆栽樹木。

台灣各地有零星栽培，杜松具有樹形優美，耐旱耐寒以及容易栽植等特性，常被作為庭園綠化觀賞及水土保持樹種用。

莖為常綠灌木或小喬木，高可達十二公尺，樹枝直展，樹冠小大塔形或圓錐形；樹皮薄，赤竭色；樹枝水平伸展或向下垂，但最先端略向上翹，幼枝三稜形。葉窄披針形，三枚輪生，狹線形，長一・二～二公分，寬〇・一公分，剛破、黃綠色、先端銳尖，表面有帶白色凹下溝紋，有白色氣孔線；下面有明顯的縱脊。

花雌雄異株，雄花頂生，圓形或圓錐形，雌花綠色帶有白粉狀。花期五月。毬果無柄，球形，徑〇・六～〇・八公分，有萼雙層，宿存，每層三片，桃尖形，呈交疊狀排列；未熟時黃綠色，熟後變黑竭色或藍黑色，帶有白粉。每一毬果內有二～三枚種子，果期九～十月成熟。

日本杜松是自然生長於北海道至本州的常綠針葉喬木，比較容易培養為盆栽。杜松樹皮帶紅棕色，老木樹皮通常有深的裂口。神或舍利多是杜松盆栽的特色。

繁殖法和樹形

通常用從自然界挖起來的樹培養，不過插條法也很簡單，可用此法繁殖。樹形為直幹、連根、吹筏、模樣木等。

逐年培養法

第一年　插枝（一五四頁）後充分澆水，在戶外棚上管理。切勿渴水。冬天則放進溫室或窖室內。

第二年　四月中旬改植如一五四頁。改植後充分澆水放在遮風而向陽的棚上，一個月後施放油粕丸二個。以後每月放一次，每次二丸，至九月和十月則各放三丸。冬天放在窖內。

第三年至第五年　在五月～九月之間作剪修作業，如一五五頁。主要把不用徒長枝剪掉，而把枝尖整理成為不等邊三角形。

澆水量要充分，四月～十月間每月施放一次油粕丸，每次四丸。一月及七月應噴石灰硫黃合劑之五十～六十倍稀釋液，對整樹噴霧。

第六年　移到觀賞盆，做剪修及架線（一五五頁），其他作業同第三年～第五年。

培養法

每年在同時期做剪修和紮線作業以利整姿。每三～四年改植一次。

插條

第一年4月上旬

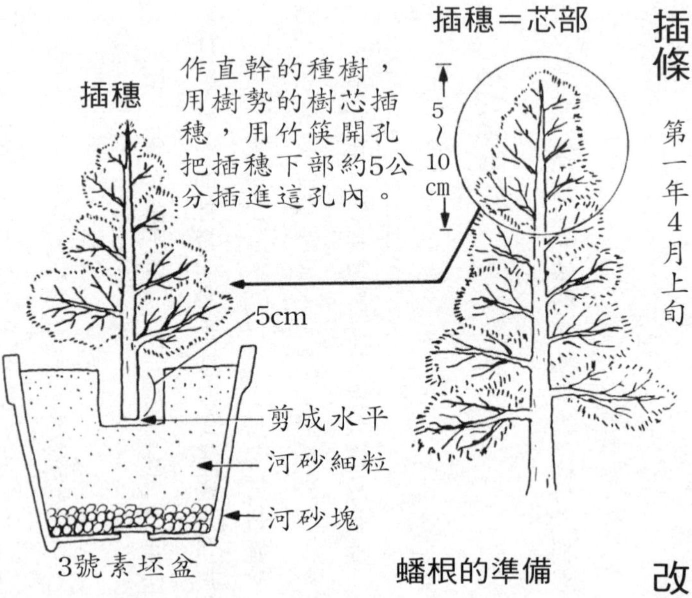

改植

第二年4月下旬

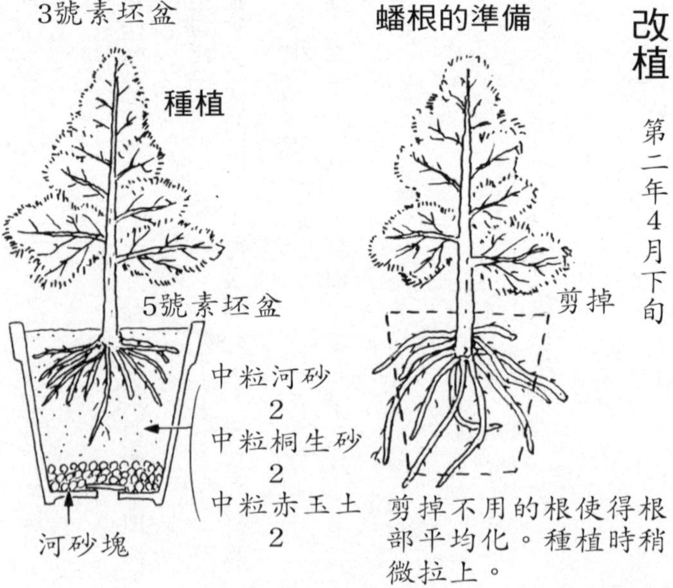

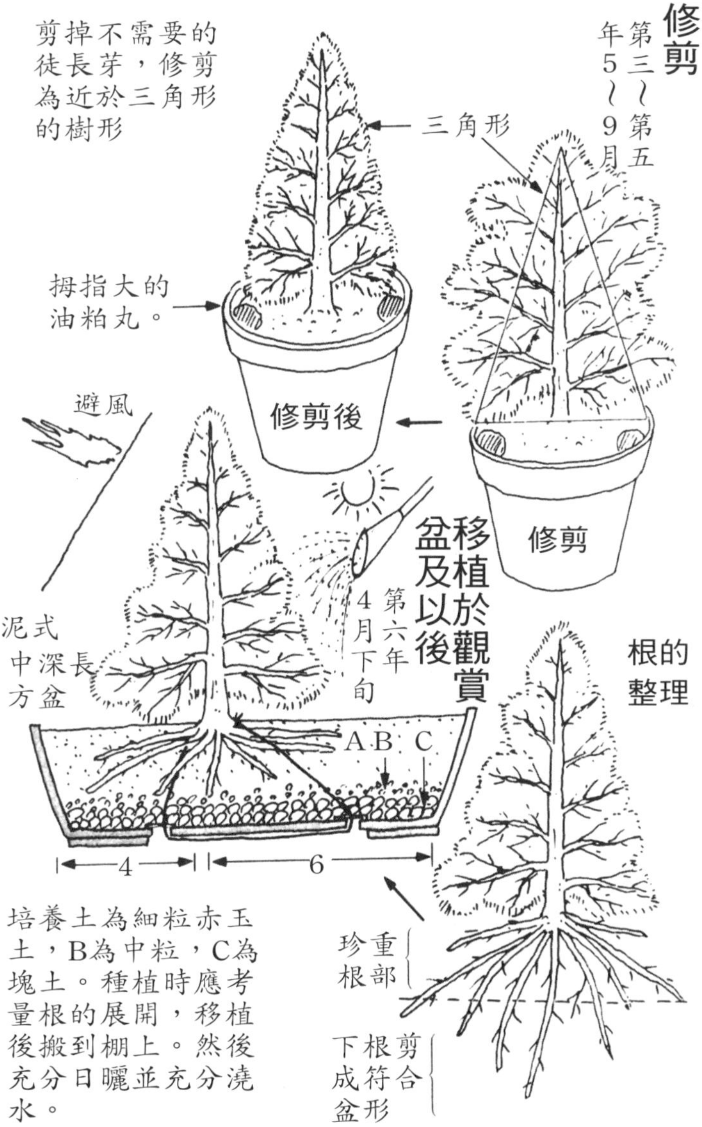

修剪

第三～第五年5～9月

剪掉不需要的徒長芽，修剪為近於三角形的樹形

三角形

拇指大的油粕丸。

修剪後

修剪

避風

移植於觀賞盆及以後

第六年4月下旬

泥式中深長方盆

A B C

4　6

培養土為細粒赤玉土，B為中粒，C為塊土。種植時應考量根的展開，移植後搬到棚上。然後充分日曬並充分澆水。

根的整理

珍重根部

剪成符合盆形下根

修剪和紮線

第六年4～10月

上部枝及懷枝留下一～二公分剪掉。

③之枝

④之枝

②之枝

①之枝

對①～④之枝紮線，稍微向下。

搬進窖室

每年12月上旬～3月中旬

冬天需收於窖室或溫室內保護。越冬期間中也要澆水使表土呈7～8分乾程度

杜松盆栽

整姿、培養

第七年4月下旬

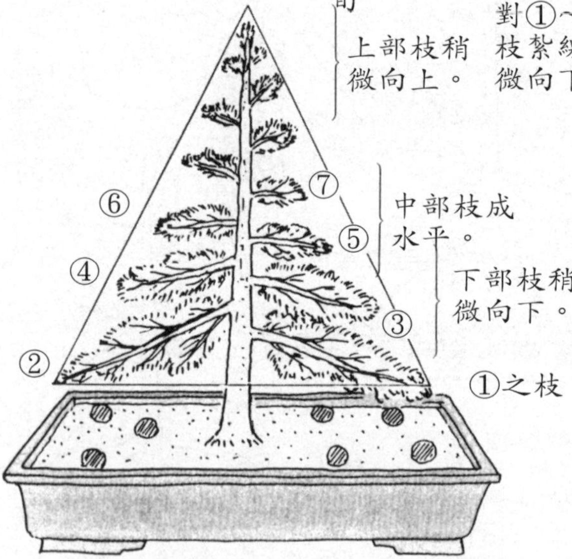

上部枝稍微向上。

中部枝成水平。

下部枝稍微向下。

⑦ ⑥ ⑤ ④ ③ ②

①之枝

①～⑦的各枝對樹幹形成角度，使得全樹樹姿成一不等邊三角形。

蝦夷松

蝦夷松的種類、繁殖法、樹形

盆栽用的種樹是紅蝦夷松，因葉短而小，小枝纖細而有風格，樹紋細緻，而且培養比較容易。

繁殖法可用播種、插條、壓條。

樹形有直幹、模樣木、懸崖、聚植等。

逐年培養法

第一年　於三月下旬前後購進種樹，種於培養盆（一五九頁）。移植後馬上充分澆水，放在向陽的戶外棚上。

放在戶外以後需時常澆水，使表土不致於乾燥過度。四月中旬施放油粕丸二

個，再於七月上旬及九月中旬各放二個，放的位置應與前次不同。四月至八月間，每二個月撒布農藥一次，可用阿卡兒等，依指示的濃度稀釋。

十二月上旬至三月下旬間，天氣極冷有凍結之虞，晚上才放進窖內。

第二年　四月上旬從室內搬出戶外棚上，澆水，施肥、消毒，排放屋簷等作業均照第一年進行。

第三年～第四年　第三年除比照第二年的作業外，再加疏枝和樹枝紮線（一六〇～一六一頁）。

第四年則移至觀賞盆，對樹枝及小枝做紮線（一六〇頁），其餘均比照第三年。

培養法

每年的澆水、施肥、消毒、摘芽，屋簷排放等均與上述相同。每三年改植一次。本樹樹枝容易繁茂，因此需適時修剪，整理樹姿。

購進種樹、移植於培養盆

第一年
3月下旬

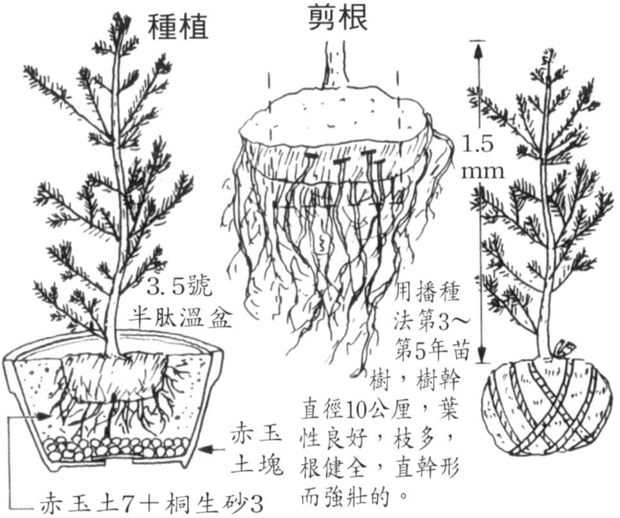

種植

3.5號
半肽溫盆

赤玉土塊

赤玉土7＋桐生砂3

剪根

用播種法第3～第5年苗樹，樹幹直徑10公厘，葉性良好，枝多，根健全，直幹形而強壯的。

1.5
mm

摘芽

第二年
5月中旬

摘芽

插枝

摘芽方法

1⁄3
1cm
2⁄3
2⁄3
1cm
1cm

6cm
3cm
3cm

摘芽後

摘芽後

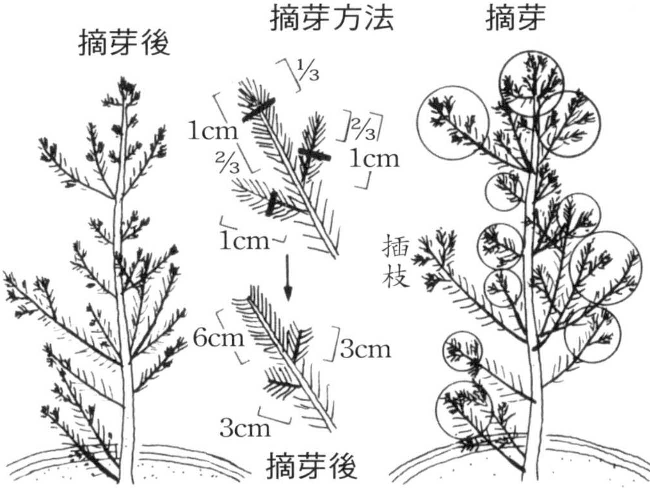

擬做插枝的芽不摘。當新芽長出約1公分時，如為預備留下的就在2分之1處，如為預備縮短的就在3分之2處用拇指和食指彎曲摘掉。摘芽後需充分澆水。

樹幹的紮線

第二年9月下旬

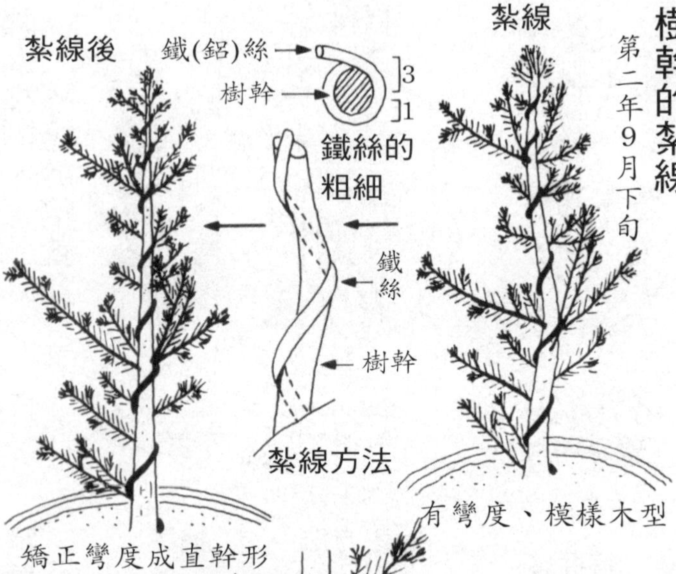

紮線

有彎度、模樣木型

紮線後

矯正彎度成直幹形

鐵(鋁)絲

樹幹

3

1

鐵絲的粗細

鐵絲

樹幹

紮線方法

剪枝

第三年9月下旬～10月上旬

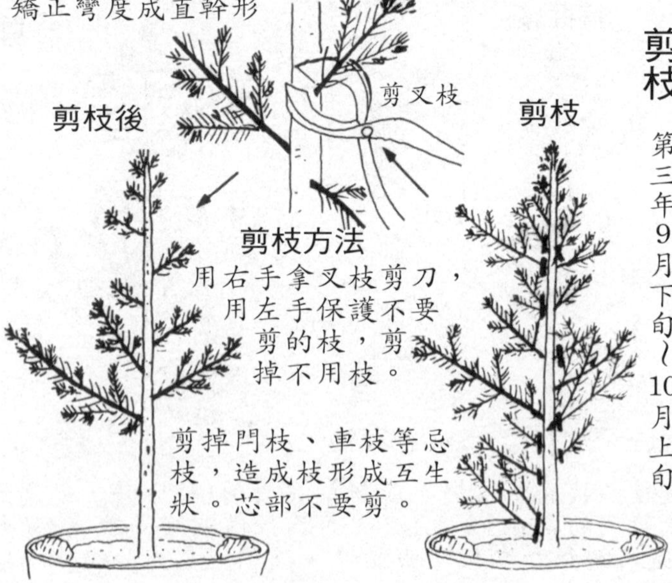

剪枝

剪枝後

剪叉枝

剪枝方法

用右手拿叉枝剪刀，用左手保護不要剪的枝，剪掉不用枝。

剪掉門枝、車枝等忌枝，造成枝形成互生狀。芯部不要剪。

枝的紮線

第三年9月下旬～10月上旬

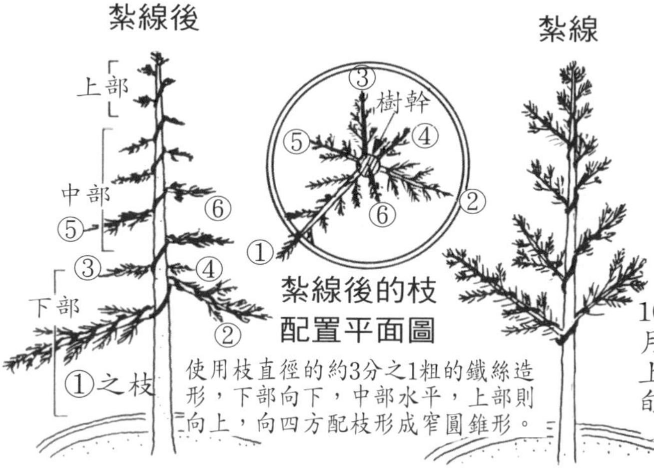

使用枝直徑的約3分之1粗的鐵絲造形，下部向下，中部水平，上部則向上，向四方配枝形成窄圓錐形。

移植於觀賞盆

第四年3月下旬

去掉土的2分之1及根的約3分之1，考慮根部情形種植於泥式切立長方盆。

枝及小枝的紮線

第四年9月下旬

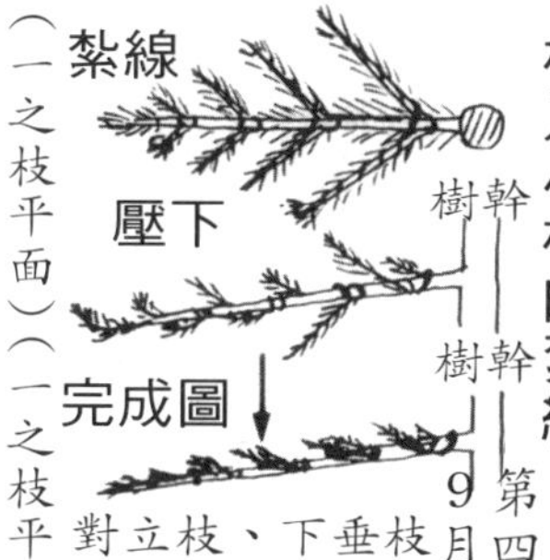

對立枝、下垂枝紮線成平坦狀

摘芽

第五年隨時

A是摘芽法
B是不摘時的惡例
C是枝的理想形

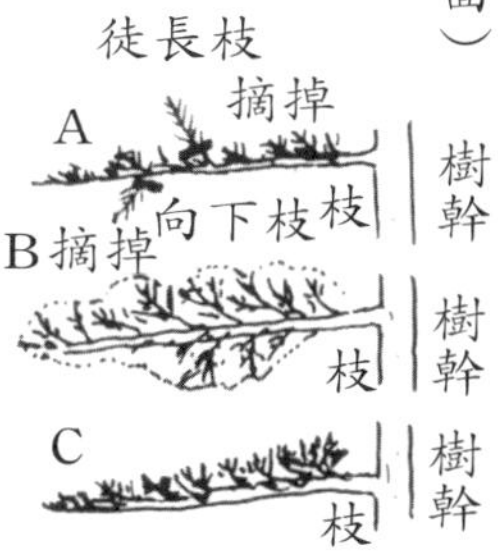

紅葉（槭）樹

紅葉的品種、繁殖法、樹形

紅葉是雜木盆栽中的精華，其中山紅葉最容易得到，有清玄、出猩猩、野村、青柳、置霜等品種各有千秋。台灣掌葉槭的紅葉是最討喜的工藝品材料，植株的葉掌狀深七裂，裂片卵狀三角形，先端漸尖形，鋸齒緣。

繁殖法有播種、壓條、插條、接木等，山紅葉一般用播種，清玄係用接木，出猩猩用壓條，清姬等八纓則用插條法繁殖。

樹形為立幹，斜幹、懸崖、聚植等。

逐年培養法

第一年　四月初購進插條後三年左右的種樹，移植於培養盆，如一六四頁。

移植後充分澆水，放於向陽的棚上，時常澆水以防表土過度乾燥。在四月下旬、五月中旬、六月下旬、九月上旬及十月中旬各施放約拇指大小的油粕丸三個。冬天則放進窖內或最低限度要做防霜作業。

第二年　除做第一年的各項作業外，再加枝的修剪、摘芽，刈葉等作業，如一六四頁及一六五頁。

第三年　在同時期做第二年作業，並做樹枝修剪及紮線，做成基本樹形。

第四年～第五年　重複第三年的工作。

培養法

於第八年改植於觀賞盆（一六六頁），管理法除比照第五年外，在六月中旬的紮線則僅做到稍微整理金屬線不正的程度，到八月中旬就除掉所紮的金屬線。每二年用新土改植一次。

施藥則在長葉前實施。預先對盆樹樹幹及樹枝澆水後，撒布石灰硫黃合劑的三十～五十倍稀釋液，對全樹撒布，以防貝殼蟲。

培養盆移植

插條後第三年
3月中旬

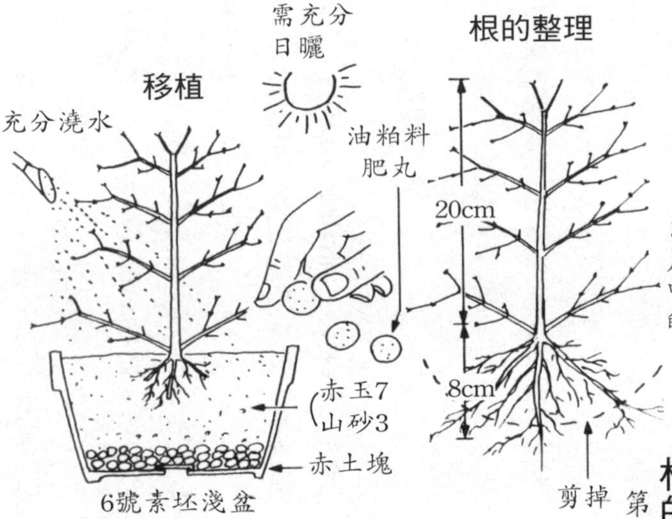

枝的修整

第四年二年中旬

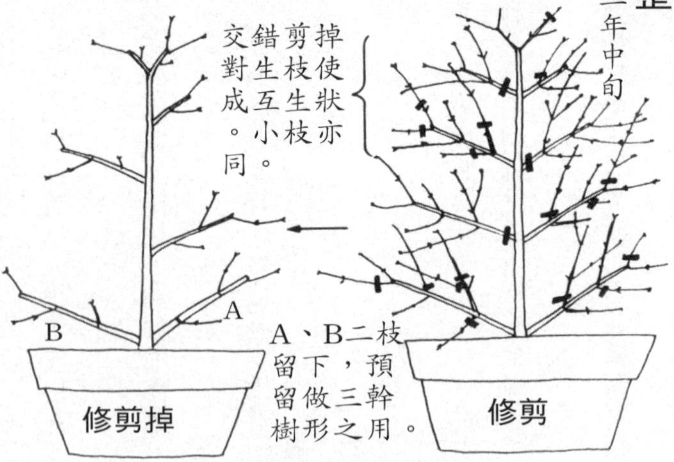

經過這修剪後樹勢平均化，樹形得整頓。

刈葉

第四年6月中旬

樹勢強時

在葉柄部剪掉所有葉

樹勢較弱時

留下葉子5分之1

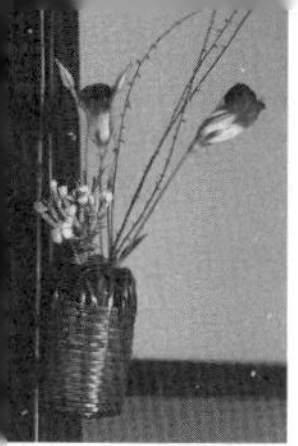

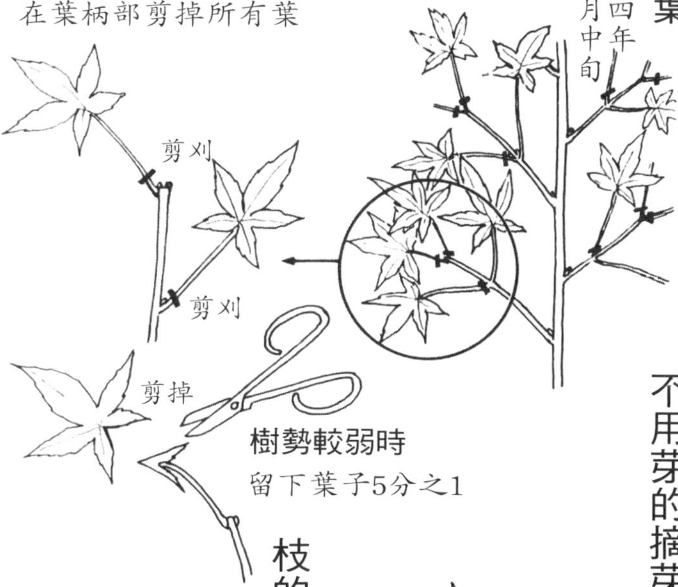

不用芽的摘芽

第四年隨時

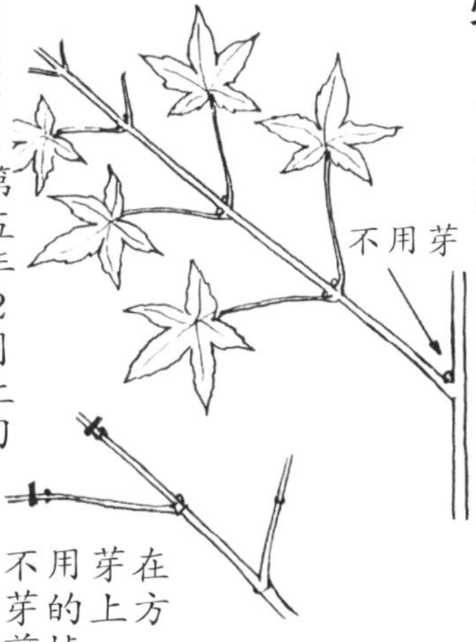

不用芽在芽的上方剪掉。

枝的整理

第五年2月上旬

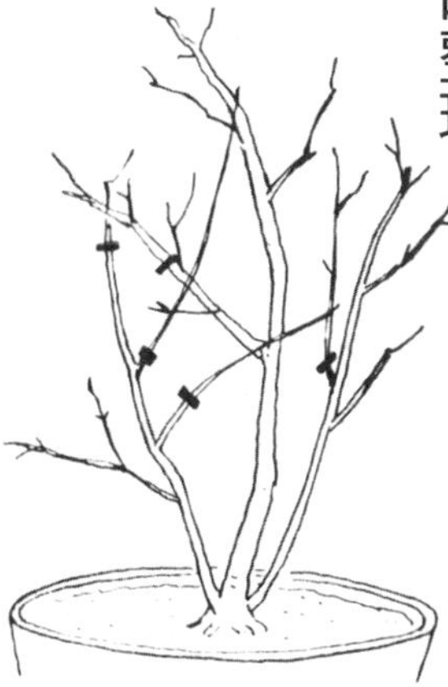

剪掉忌枝、不用枝

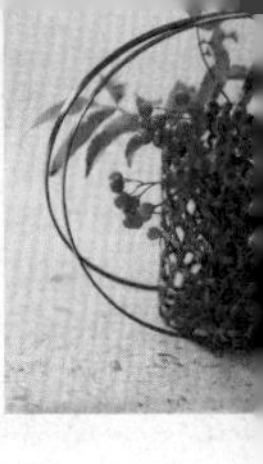

紮線

第五年2月上旬

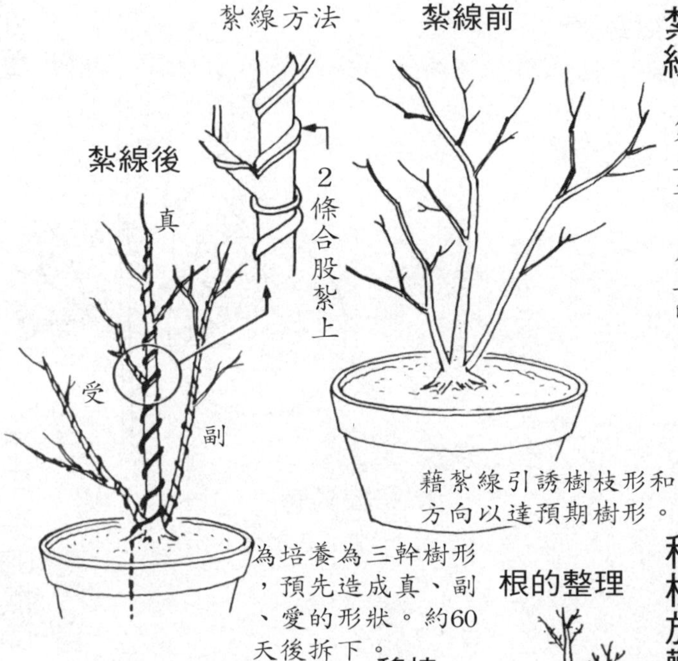

紮線方法
紮線前
紮線後
真
受
副
2條合股紮上
藉紮線引誘樹枝形和方向以達預期樹形。
為培養為三幹樹形，預先造成真、副、愛的形狀。約60天後拆下。

移植於觀賞盆

第八年3月中旬

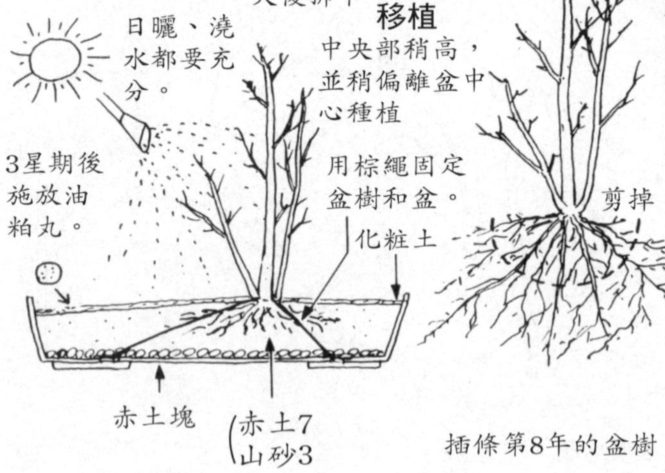

根的整理
移植
日曬、澆水都要充分。
中央部稍高，並稍偏離盆中心種植
3星期後施放油粕丸。
用棕繩固定盆樹和盆。
化粧土
剪掉
赤土塊
赤土7
山砂3
插條第8年的盆樹

櫸

櫸的種類、繁殖法、樹形

台灣櫸是榆科，櫸屬，又名櫸木、櫸榆、雞母樹、台灣鐵等，為台灣原生植物，以台灣中、南部海拔三百～二千五百公尺之中低海拔山區的闊葉林中常見。台灣櫸由於葉形小而青綠，樹姿蒼勁，壽命長，而被作為優美園藝盆栽欣賞。

台灣櫸為落葉大喬木，樹高達三十公尺，徑八十～一百二十公分，樹幹通直，幹皮灰褐色，會呈雲片狀剝落，而有雲形剝落痕。明・李明珍謂「其樹高舉」，故名「櫸」。

櫸的長芽、幼葉、紅葉、冬姿均佳，有八纓性、粗皮性之外，依長芽時的顏色叫做紅芽性、綠芽性，都適合盆栽。

繁殖法可用播種法、壓條法、插條法等。播種後培養五～六年則可供觀賞之

用，因此最好用播種法培養。

樹形以倒立掃把形最適宜，也有聚植形。

逐年培養法

第一年　於三月中旬播種，四月中旬搬到戶外棚上。充分澆水，於五月中旬施肥。以後繼續每月施肥一次，至十月上旬。另外，在六月下旬至八月之間剪掉強勢枝。十一月下旬就放進窖內。

第二年　移植於培養盆，搬到戶外棚上。四月中旬到十月上旬之間每月施肥一次，每次用油粕丸一個。要充分澆水。

在六月上旬至九月上旬間做修剪，刈葉及摘芽作業，如一七一頁。十一月下旬放入窖內。

第三年　在第三年的三月下旬做第二次培養盆移植，然後比照第二年的管理法作業，時期亦同。

六月上旬對樹枝紮線，如一七三頁。主要目標是把樹形造成掃把形，用金屬線

矯正樹枝使得每一個分枝都成分叉狀。金屬線在約二十天後拆除。

第四年　於春分前後移植於橢圓形或長方形的施釉淺觀賞盆，如一七三頁。搬到戶外的棚上後仍繼續澆水、施肥、摘芽、修剪、刈葉及搬入窖內工作。

從這一年開始，摘芽和修剪可照一七四頁實施，摘芽方法是這樣的。

春天長出來的新芽會一直生長到梅雨季節，因此只留下一、二節，其餘都摘掉。等生長到某一程度後再摘芽，局部會太粗而看起來不自然，因此需在芽不長時摘掉。這可使停止伸長的細小樹枝再獲得力量而再夾伸長。弱枝開始伸出時不宜摘掉而讓它伸長，等有充分力量後才摘下而留二、三節。摘下後就分為雙叉而開始伸長。這工作反覆到秋季。

培養法

每年實施第二年的作業，時期亦同。別忘施肥和澆水。每二年改植一次。

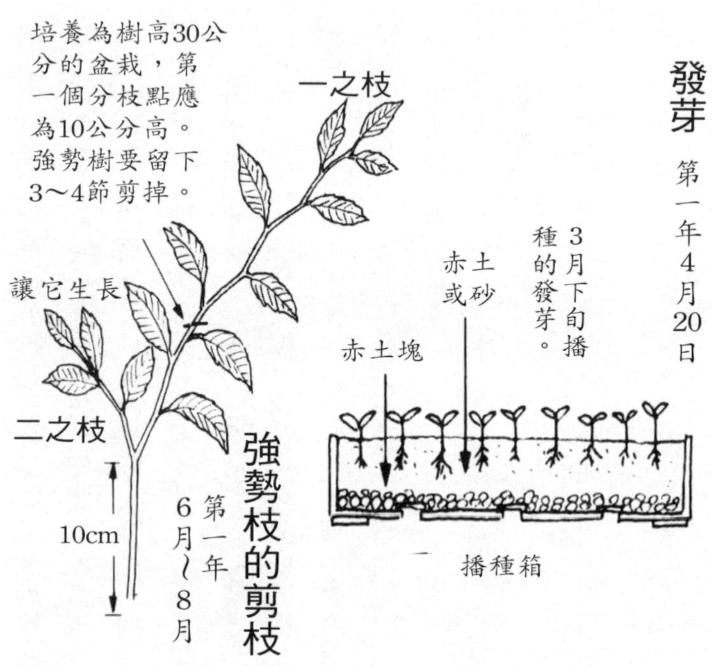
培養為樹高30公分的盆栽，第一個分枝點應為10公分高。強勢樹要留下3～4節剪掉。
一之枝
讓它生長
二之枝
10cm
強勢枝的剪枝
第一年6月～8月
發芽
第一年4月20日
3月下旬播種的發芽。
赤土或砂
赤土塊
播種箱

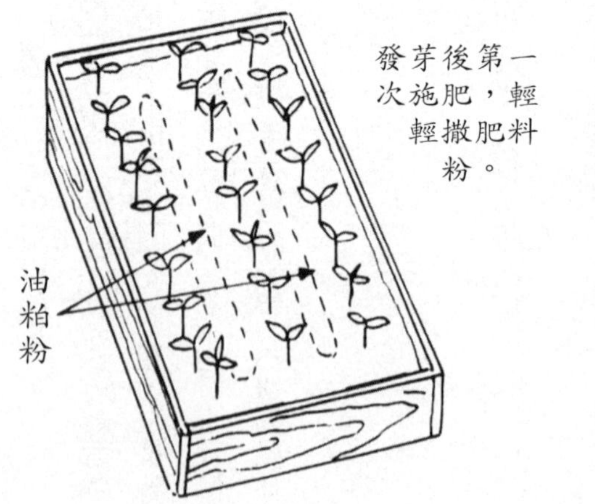
施肥
第一年5月下旬
發芽後第一次施肥，輕輕撒肥料粉。
油粕粉

移植於培養盆

第二年3月中旬

把直根或強根剪斷如圖。

移植後澆水要充分。

赤土7
腐葉土3

4月中旬施放油粕丸。

赤土塊

3～4號素淺盆。

經修剪和刈葉整理樹形

第二年3月中旬～9月上旬

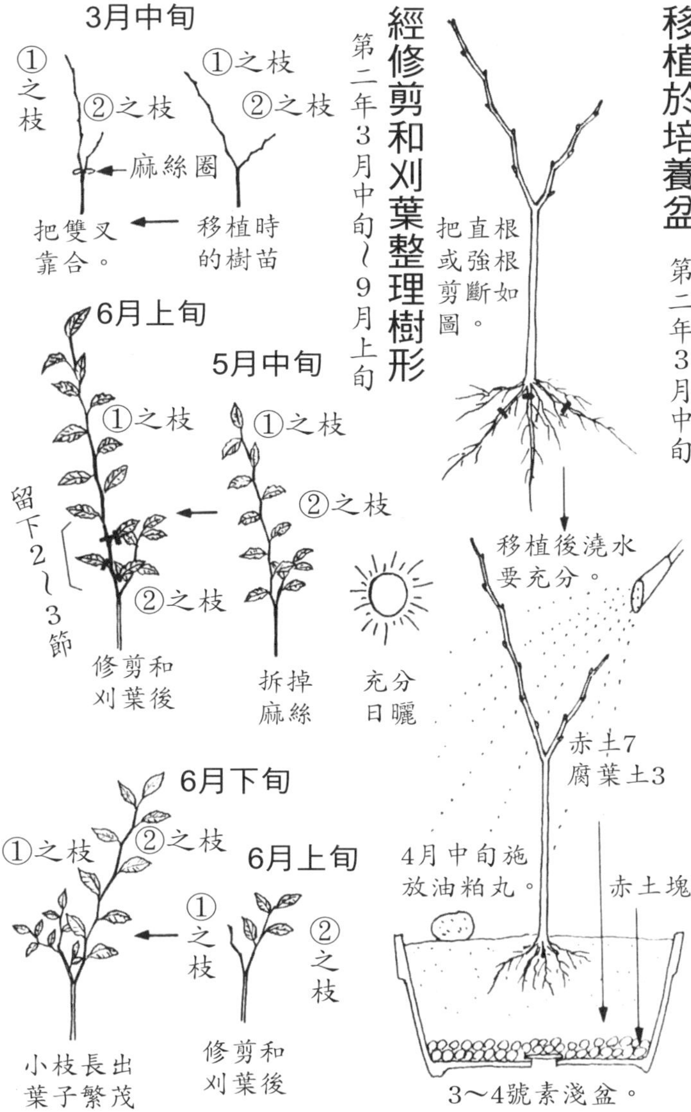

3月中旬

①之枝
②之枝
麻絲圈
把雙叉靠合。
①之枝
②之枝
移植時的樹苗

6月上旬

5月中旬

①之枝
留下2～3節
②之枝
修剪和刈葉後
①之枝
②之枝
拆掉麻絲
充分日曬

6月下旬

①之枝
②之枝
小枝長出葉子繁茂

6月上旬

①之枝
②之枝
修剪和刈葉後

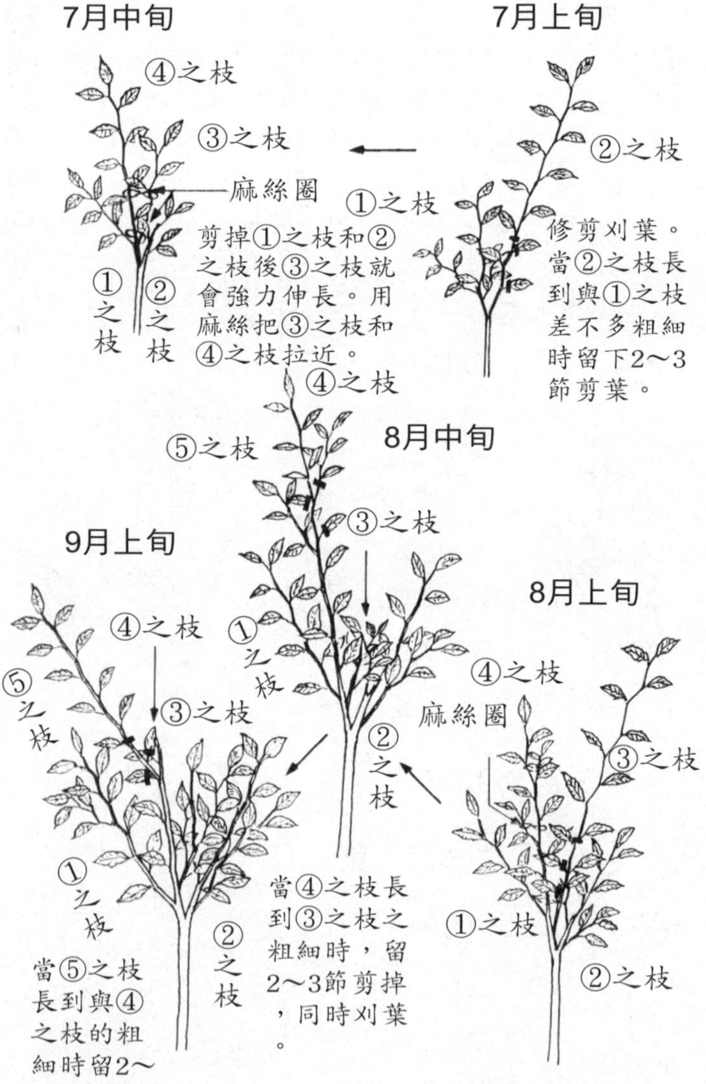

7月上旬

②之枝

①之枝

修剪刈葉。當②之枝長到與①之枝差不多粗細時留下2～3節剪葉。

7月中旬

④之枝

③之枝

麻絲圈

剪掉①之枝和②之枝後③之枝就會強力伸長。用麻絲把③之枝和④之枝拉近。

①之枝

②之枝

8月上旬

④之枝

麻絲圈

③之枝

①之枝

②之枝

8月中旬

④之枝

⑤之枝

③之枝

①之枝

②之枝

當④之枝長到③之枝之粗細時，留2～3節剪掉，同時刈葉。

9月上旬

④之枝

⑤之枝

③之枝

①之枝

②之枝

當⑤之枝長到與④之枝的粗細時留2～3節剪葉。

修剪和刈葉

紮線

第三年6月上旬

對於有向外擴展傾向的強勢枝紮線矯正生長方向。紮麻繩拉近雙叉部的枝。

拆除鐵絲後

紮上的鐵絲於20天後拆下。

麻絲圈

紮線

另一法

麻繩

在第1～第3年的落葉後把枝紮束放到次年春分，也就等於紮線。

移植於觀賞盆

第四年3月下旬

注意強風

（赤土7
腐葉土3）

赤土塊

3　7

去除土的約2分之1，剪掉走根，種植於盆上如左圖。根與根的空隙用筷子充進土。

摘芽和修剪

第四年以後4月下旬～8月

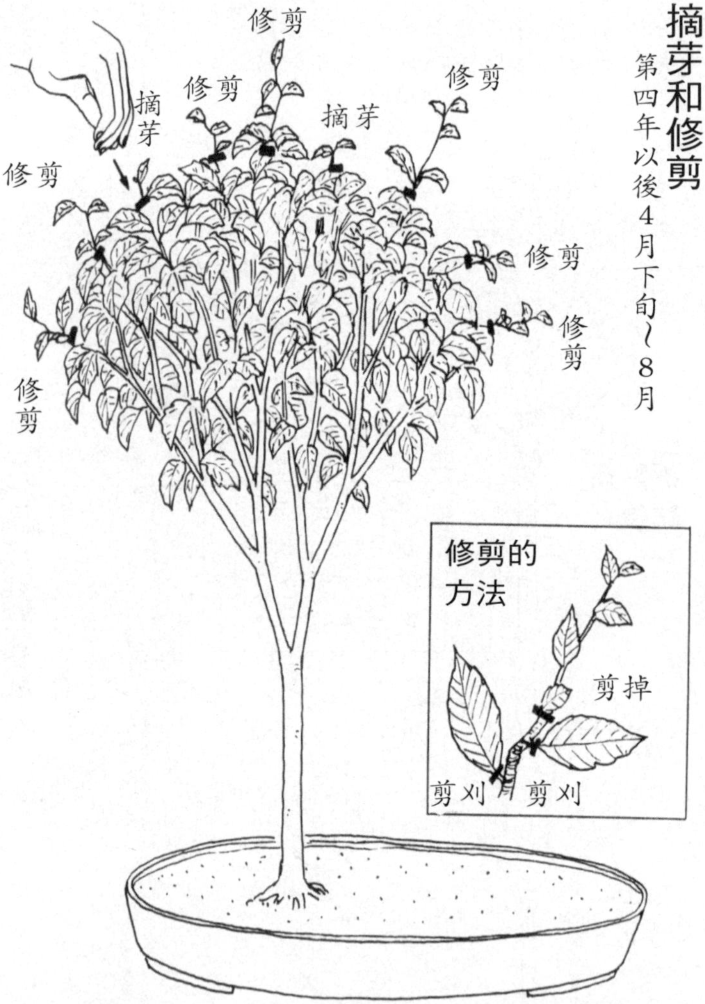

修剪 摘芽 修剪 修剪 摘芽 修剪 修剪 修剪 修剪 修剪

修剪的方法

剪掉 剪刈 剪刈

移植於觀賞盆後也要經常剪徒長枝和修剪，期間為5月下旬至8月下旬，藉此保持樹形。每2年改植1次，每月的施肥和澆水仍需繼續。

山毛櫸

山毛櫸的種類、繁殖法、樹形

台灣的山毛櫸，是台灣特有的殼斗科山毛櫸屬植物，屬於落葉喬木，又稱台灣水青岡、早田氏山毛櫸，是古老的珍貴孑遺植物。堅果為卵狀三角形，花與葉同時在春天開放，通常生長在海拔一千三百～二千公尺的山稜線附近，以新北市與桃園縣間的南北插天山及太平山區的銅山一帶分布最多。

山毛櫸的冬天樹姿最佳，日本有富士山毛櫸和東北山毛櫸。富士山毛櫸的葉比較小型，落葉少，適合做盆樹。

繁殖法用播種和壓條（一七七頁），樹形有單幹、聚植、雙幹、三幹、七幹等。

逐年培養法

第一年　在六月上旬壓條，八月下旬移植於培養盆（一七七頁）。移植後十日

內應放在陰涼處，然後緩慢增加日曬時間。這中間繼續充分澆水。在十月中旬用油粕製成的稀薄水肥施肥，到十二月上旬則搬進窖內管理。

第二年　三月中旬，仍在窖內時移植於大一號的培養盆，這時根頭的水苔要拿掉。然後到四月中旬才搬到戶外棚上，同時施以油粕的稀薄水肥。

到五月上旬就要剪芽（一七八頁）。剪掉不用枝的作業宜等到六月中旬前後，如有必要，在修剪同時紮線，而在一個月後拆除。

澆水次數在春秋兩季原則上一天一次，夏天一天二、三次，冬天則在窖內一有表土乾燥就澆水。施肥都用油粕水肥，時期為四月中旬、六月中旬、九月中旬及十月下旬。

第三年　三月中旬移植於觀賞盆，於四月中旬搬到戶外棚上，以後比照第二年實施澆水和施肥，如有必要就修剪及紮線。

培養法

每年比照第三年的管理法作業，每二年改植一次。

壓條繁殖法

第一年6月上旬

發芽

第一年7月上旬

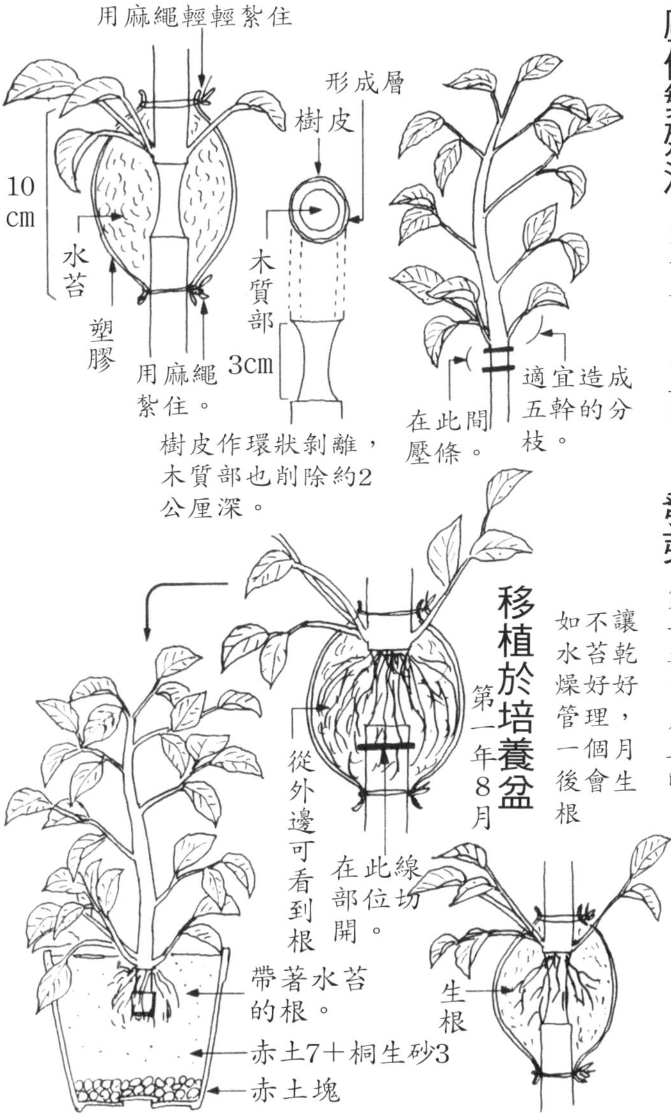

移植於培養盆

第一年8月

第二次移植

第二年3月中旬

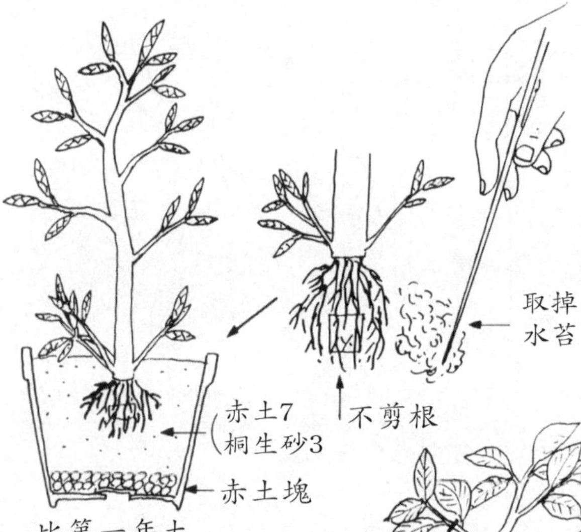

取掉水苔

不剪根

赤土7
桐生砂3

赤土塊

比第一年大的素坯盆

修剪

第二年5月上旬

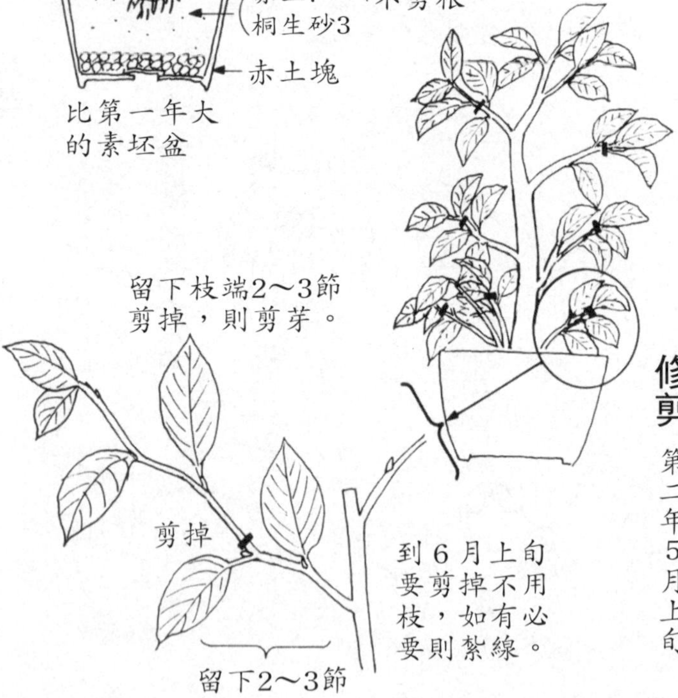

留下枝端2～3節剪掉，則剪芽。

剪掉

留下2～3節

到6月上旬要剪掉不用枝，如有必要則紮線。

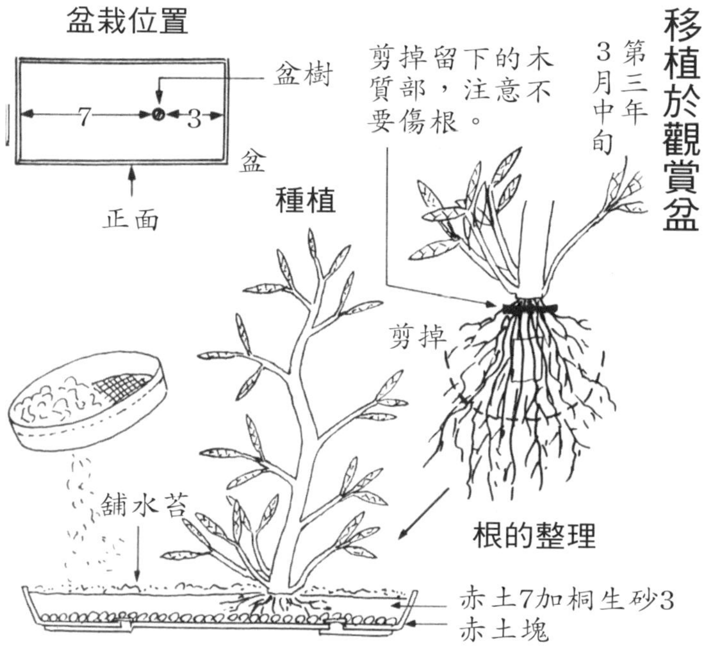

移植於觀賞盆

第三年3月中旬

剪掉留下的木質部，注意不要傷根。

剪掉

根的整理

盆栽位置

盆樹

7

3

盆

正面

種植

鋪水苔

赤土7加桐生砂3

赤土塊

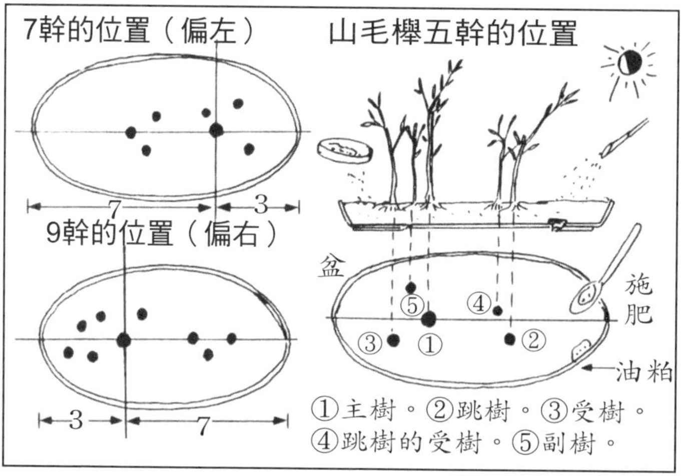

7幹的位置（偏左）

7

3

9幹的位置（偏右）

3

7

山毛櫸五幹的位置

盆

施肥

油粕

①主樹。②跳樹。③受樹。
④跳樹的受樹。⑤副樹。

楓　樹

楓樹的種類、繁殖法、樹形

楓樹就是楓香，一般人誤稱為楓。可從葉序為互生—楓香，或對生—楓，果實為球狀聚合果—楓香，或翅果—楓，二種特徵分辨，詩人所歌詠的楓紅美景就是指楓，以三峽滿月圓、苗栗馬拉邦、中橫日新崗一帶最多。楓香以奧萬大所植具代表性。

盆栽界所稱的楓樹是指葉子分三片的，至於五片的則叫做槭，以資分別。楓樹中以唐楓數目最多，另有宮樣楓以及各種葉（長徑三～一公分）的，以葉長二公分左右的中葉種最適合盆栽。

繁殖法有播種（一三六頁）、壓條、插條等，樹形有直幹、雙幹、模樣木、聚植、抱石等。此外也可在二、三月間購入種樹培養。

逐年培養法

第一年　三月上旬購入如一八二頁的種樹，經修剪和剪根後植於培養箱。四月上旬搬到戶外棚，充分澆水。七月上旬至九月中旬間需蓋葦簾，仍需充分噴葉水。十二月上旬收於窖內管理。

第二年　三月上旬做輕微的修剪，四月上旬搬出窖。在四月至十月之間每月施肥一次，每次用油粕丸四個。

第三年　三月中旬整形，修剪後移植於觀賞盆，以後比照第二年培養，但於六～七月間做刈葉及修剪作葉。

第四年　除於三月上旬做修剪及拔枝，於六～七月間做剪修、拔枝及刈葉以外，與第三年相同。

第五年　與第四年相同。於六月上旬摘芽，如一八四頁。

培養法

每年照第五年培養。每三年改植一次。

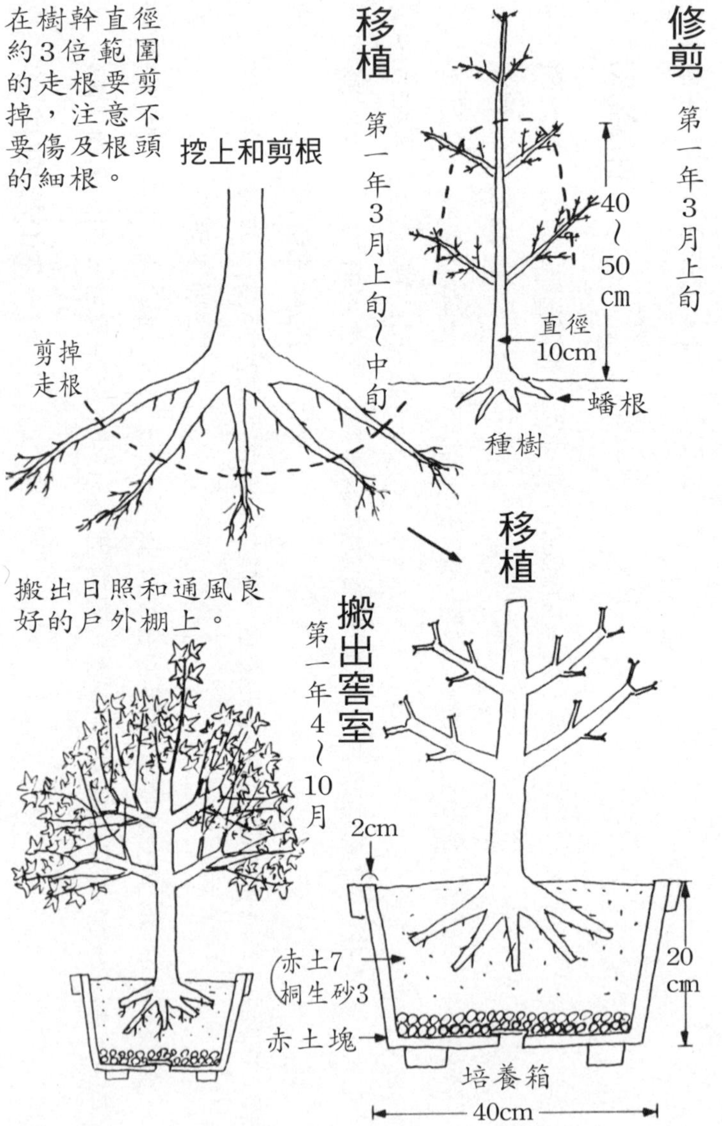

修剪

第一年3月上旬

種樹

40～50cm

直徑10cm

蟠根

移植

第一年3月上旬～中旬

挖上和剪根

在樹幹直徑約3倍範圍的走根要剪掉，注意不要傷及根頭的細根。

剪掉走根

移植

2cm

赤土7
桐生砂3

赤土塊

20cm

培養箱

40cm

搬出窖室

第一年4～10月

搬出日照和通風良好的戶外棚上。

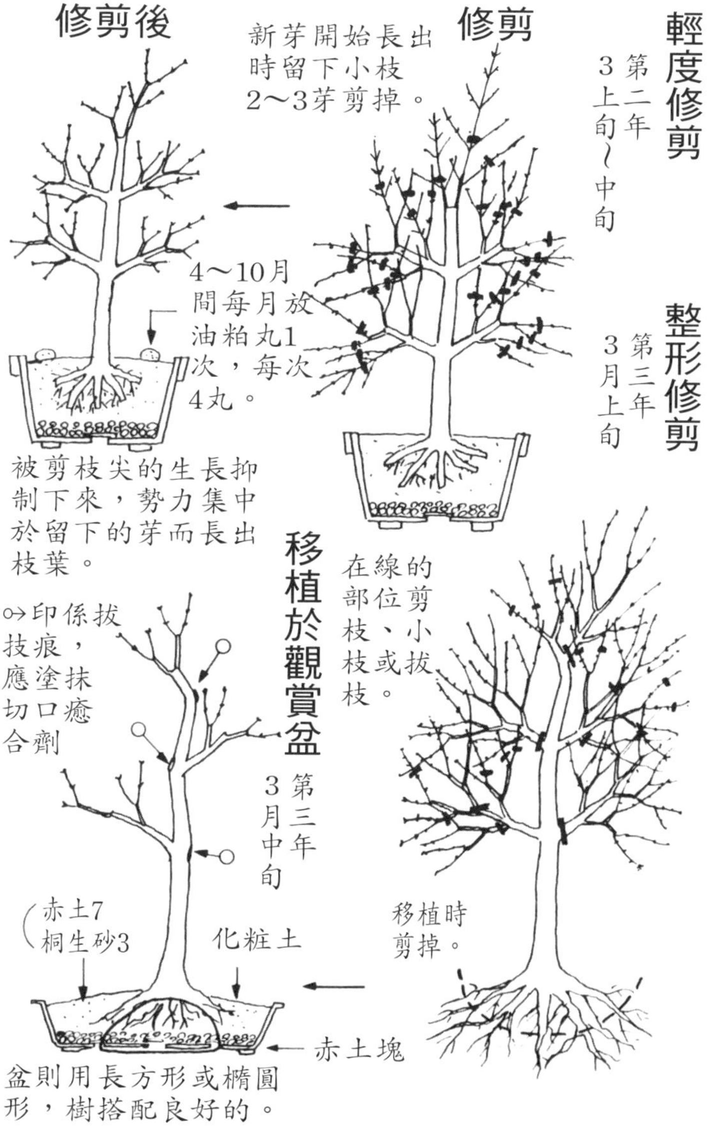

輕度修剪

第二年
3上旬～中旬

修剪後

修剪

新芽開始長出時留下小枝2～3芽剪掉。

4～10月間每月放油粕丸1次，每次4丸。

被剪枝尖的生長抑制下來，勢力集中於留下的芽而長出枝葉。

整形修剪

第三年
3月上旬

移植於觀賞盆

第三年
3月中旬

在線的部位剪枝、小枝或拔枝。

○→印係拔技痕，應塗抹切口癒合劑

赤土7
桐生砂3

化粧土

移植時剪掉。

赤土塊

盆則用長方形或橢圓形，樹搭配良好的。

修剪

第三年6〜7月

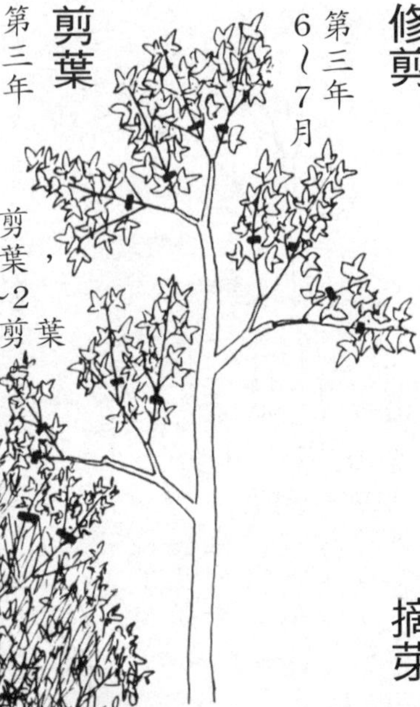

剪葉

第三年6〜7月

從葉柄部剪掉所有的葉，留下小枝1～2節。修剪和剪葉應同時期做。

摘芽

第五年6月上旬

在考量整個盆樹樹形之下，剪掉過度伸出的徒長枝，以資整形，剪斷處如左圖。

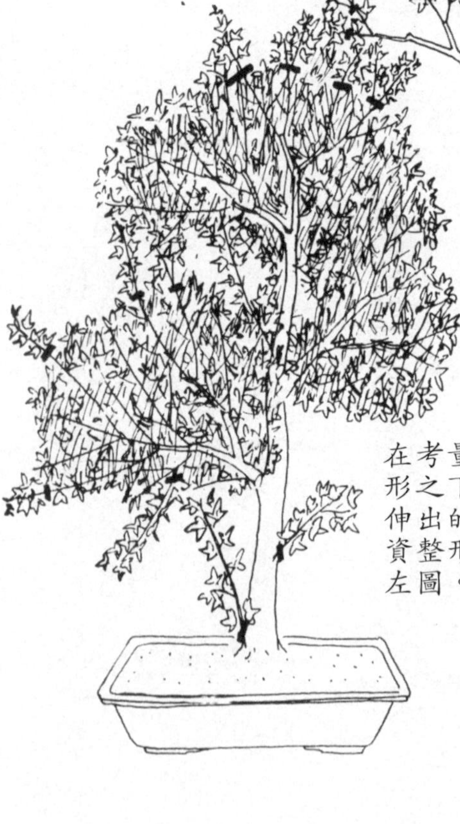

梅　樹

梅的品種和特色

梅樹是常綠喬木，植株高度可達十五公尺高。葉互生、倒卵形，全緣或上半部有疏鋸齒。雌雄異株，柔荑花序。台灣梅樹的分布集中在南投縣、台東縣等為主，其餘則分布在中、南、東部海拔三百～一千公尺的山坡地。

台灣梅樹滿足休眠所需的低溫需求量少，所以開花與萌芽期也較一般落葉果樹早。因提早開花遭遇寒流，授粉昆蟲活動少，受精機會也少，若開花遲的年份，完全花較多越能順利著果，霜凍為害的機會也較少，豐收的機率增加。

春天的前鋒梅樹可以說是雜木盆栽中最適合盆栽的樹種，無論花、葉、樹皮、樹性、枝形都是最恰當的。

梅樹原產於中國，在奈良時代（七一〇～七九四）由吳國的僧侶傳入日本。梅

可分為野梅性、豐後性、杏性、紅梅性。野梅性包括單瓣、重瓣、紅筆性、難波性，青軸性，已培育出來的品種不勝枚舉，比較出色的品種為旭鶴、紅筆、故鄉錦、金獅、月桂等。

豐後性的品種以樹梢粗、葉大而圓的佔多數，也有單瓣、重瓣之別，用於盆栽的代表性品種是入日梅和乙女袖。

杏性品種類似豐後性，但樹枝細而葉小，以櫻梅為最出色。

紅梅性包括所謂緋梅，有單瓣和重瓣之別。

繁殖法和樹形

用接木法（一八九頁）繁殖的最多，插條（一五四頁）和播種法（一三六頁）則不多。購進接於野梅台木的種樹培養也頗有樂趣的。

梅樹的樹性強壯且幼木時期容易整形，可培養成任何樹姿，以直幹、模樣木、斜幹、雙幹、文人木、聚植、半懸崖等樹形為代表。

逐年培養法

第一年　購入種樹後，經剪根和修剪後移植於培養盆。然後紮線造成目標樹形的基本形。一個月後就會開花。花落後除掉花殼。

四月上旬搬到戶外棚上，同時施放肥料丸二個。肥料丸用油粕、骨粉及木炭混合煉成後乾燥的，大小約相當於一個硬幣。至十月下旬之間，每月做同樣的施肥一次。澆水則每天二次。

初長新芽時拆除移植時上的金屬線。五月上旬應剪枝，方法是在新近伸長的各枝留下四、五葉，先端部分都剪掉（一九一頁）。在五月下旬剪時，原先在上旬剪掉的枝先端會長出新芽，這些需全部摘掉。

澆水要在表土未完全乾時及時實施。十二月上旬收放於窖內管理。

第二年　這一年也要除花殼，三月間做修剪和紮線，於四月上旬搬到戶外，開始施肥，於五月上旬拆除紮線，五月中旬實施修剪，然後澆水，收入窖內。以上作業的方法都與第一年相同。

第三年　二月中旬還在窖內時改植於觀賞盆（一九二頁）。觀賞盆可用橢圓形和長方形，宜用稍深而有釉藥的。顏色應考慮花色，對於紅梅宜用白盆，白梅則用瑠璃色或金色盆較適合。

改植於觀賞盆後則比照第二年的作業和時期管理，即二月下旬除花殼，四月上旬搬至戶外開始施肥和充分澆水，五月上旬拆除金屬線，五月中旬修剪，十二月上旬收於窖內。

培養法

每年繼續第三年的作業。每二年改植一次。

病蟲害的防治

一～二月間撒布石炭硫黃合劑的七倍稀釋液，以利貝殼蟲的防治。對於喜歡寄生新芽的蚜蟲則用益士特克的一千五百倍液驅除。炭疽病（新樹梢發生紅肉色塊狀物）和紫斑病（在葉子背面發生黑斑）則用太先等殺菌劑噴於葉子的表面和背面。

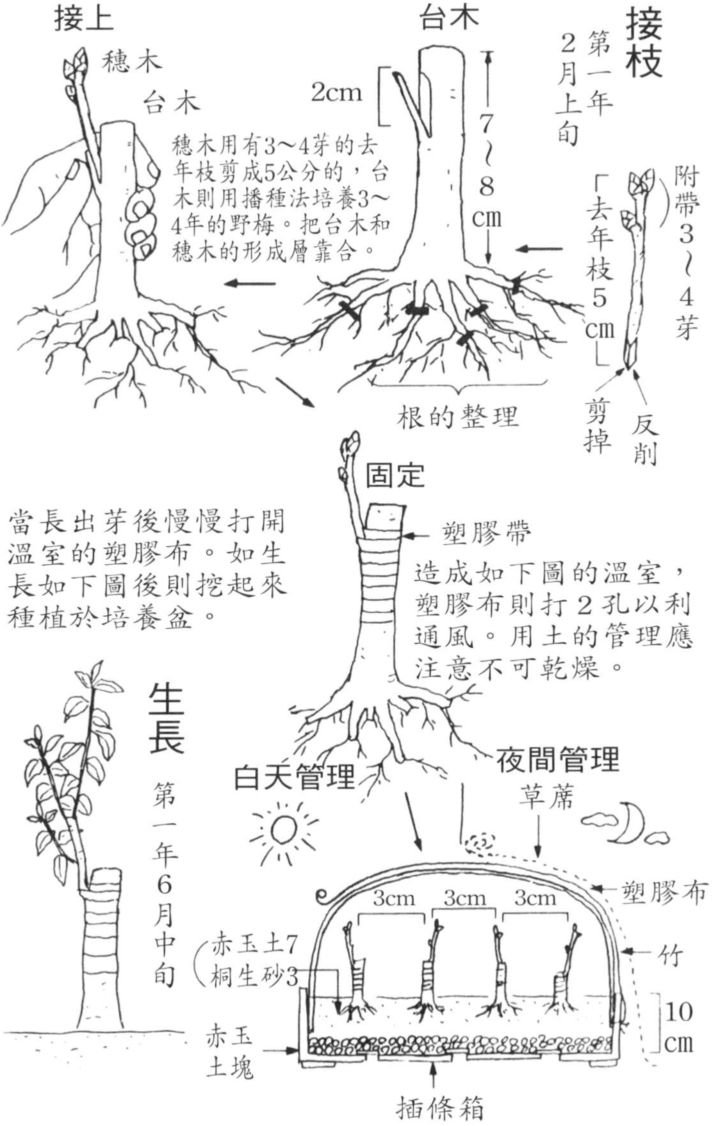

接枝
第一年2月上旬
接上
穗木
台木
穗木用有3～4芽的去年枝剪成5公分的，台木則用播種法培養3～4年的野梅。把台木和穗木的形成層靠合。
台木
2cm
7～8cm
去年枝5cm
附帶3～4芽
剪掉
反削
根的整理
固定
塑膠帶
當長出芽後慢慢打開溫室的塑膠布。如生長如下圖後則挖起來種植於培養盆。
造成如下圖的溫室，塑膠布則打2孔以利通風。用土的管理應注意不可乾燥。
生長
第一年6月中旬
白天管理
夜間管理
草蓆
塑膠布
3cm
3cm
3cm
竹
赤玉土7
桐生砂3
10cm
赤玉土塊
插條箱

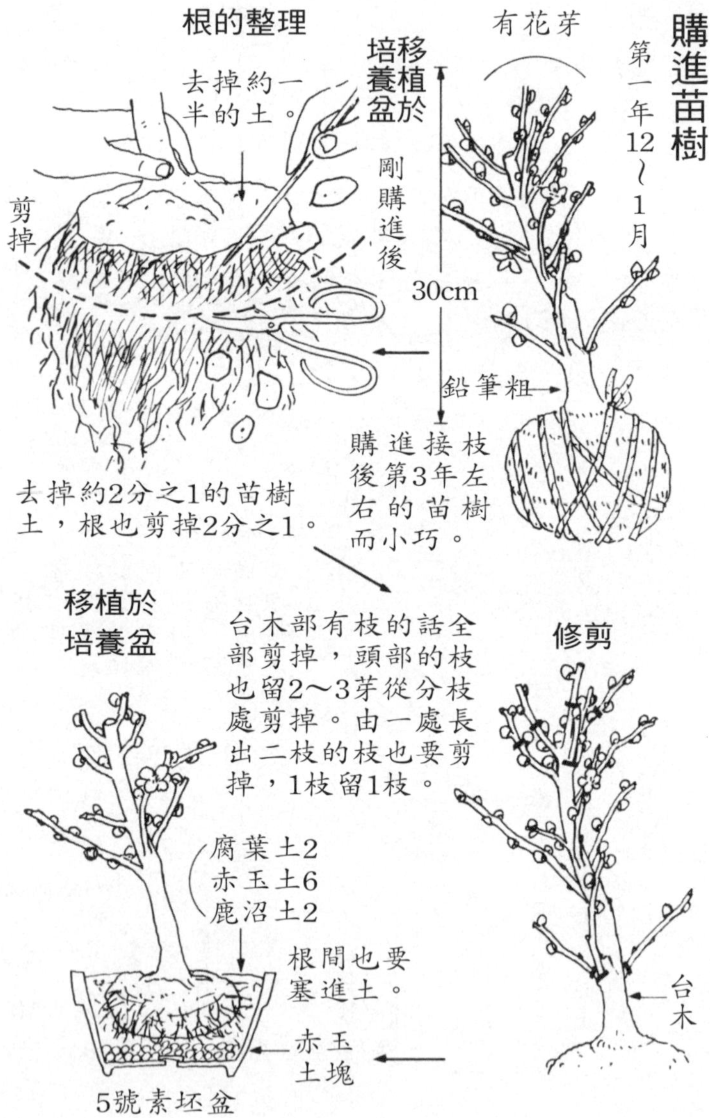

購進苗樹

第一年12～1月

有花芽

30cm

鉛筆粗

購進接枝後第3年左右的苗樹而小巧。

根的整理

移植於培養盆

剛購進後

去掉約一半的土。

剪掉

去掉約2分之1的苗樹土，根也剪掉2分之1。

修剪

台木部有枝的話全部剪掉，頭部的枝也留2～3芽從分枝處剪掉。由一處長出二枝的枝也要剪掉，1枝留1枝。

台木

移植於培養盆

腐葉土2
赤玉土6
鹿沼土2

根間也要塞進土。

赤玉土塊

5號素坯盆

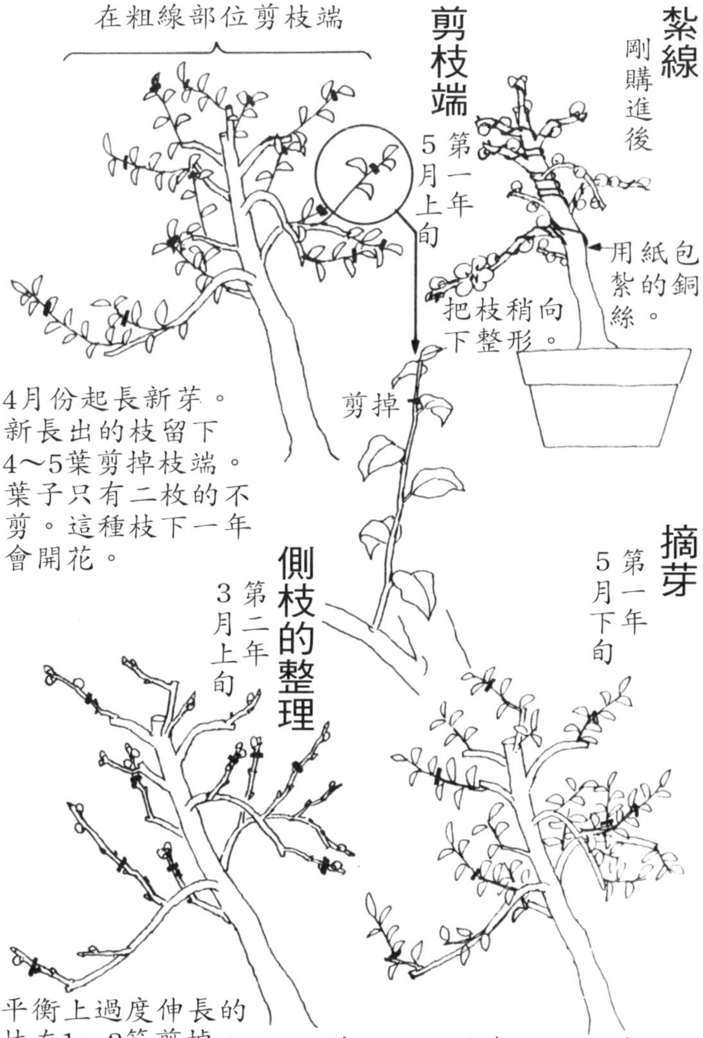

紮線

剛購進後

用紙包的銅紮絲。

把枝稍向下整形。

剪枝端

第一年5月上旬

在粗線部位剪枝端

剪掉

4月份起長新芽。新長出的枝留下4～5葉剪掉枝端。葉子只有二枚的不剪。這種枝下一年會開花。

摘芽

第一年5月下旬

剪枝端的枝會長出側芽，這種芽下一年也不會開花反而破壞樹姿，因此需摘掉。

側枝的整理

第二年3月上旬

平衡上過度伸長的枝在1～2節剪掉。地下枝也要剪掉，因為會破壞樹姿。

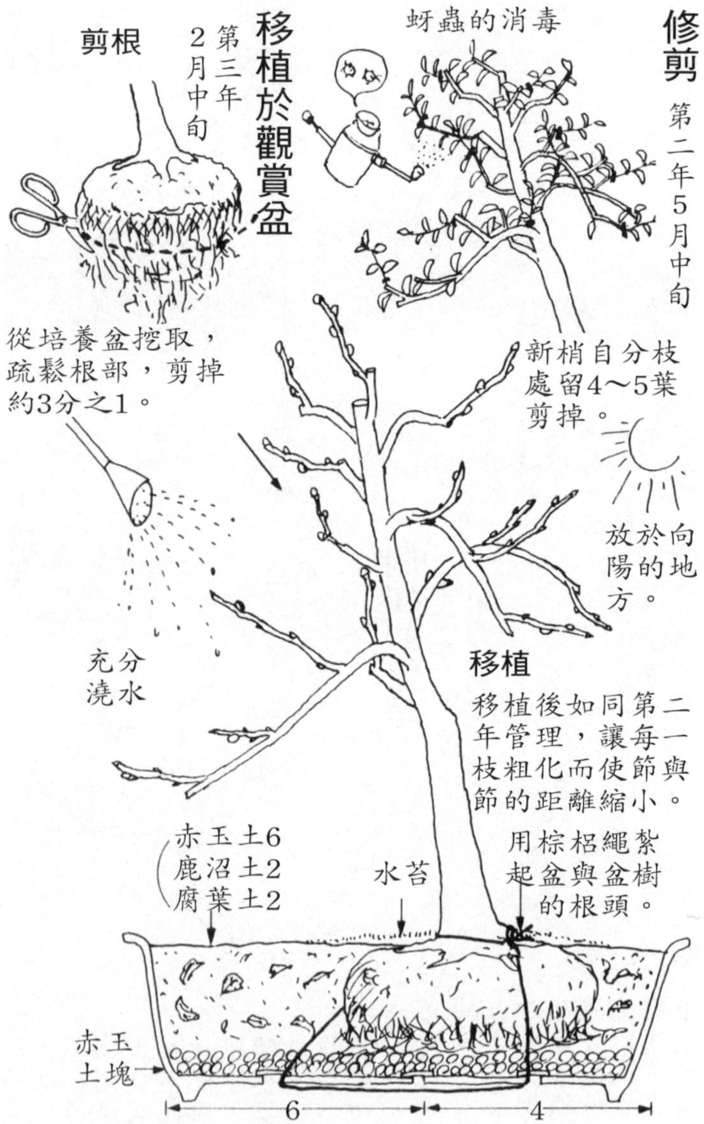

移植於觀賞盆
第三年2月中旬
剪根
從培養盆挖取，疏鬆根部，剪掉約3分之1。
充分澆水
修剪
第二年5月中旬
蚜蟲的消毒
新梢自分枝處留4～5葉剪掉。
放於向陽的地方。
移植
移植後如同第二年管理，讓每一枝粗化而使節與節的距離縮小。
用棕梠繩紮起盆與盆樹的根頭。
赤玉土6
鹿沼土2
腐葉土2
水苔
赤玉土塊
6
4

海　棠

海棠的種類、繁殖法、樹形

據明代《群花譜》記載：海棠有四品，皆木本。包括西府海棠、垂絲海棠、木瓜海棠、貼便海棠。海棠為落葉小喬木，樹皮灰褐色，光滑。葉互生，橢圓形至長橢圓形，先端略微漸尖，基部楔形，邊緣有平鈍齒，葉細長。

海棠艷而瀟灑，歷代文人墨客常以此比擬美人。盆栽用的海棠分為垂絲海棠（花海棠）、大花海棠（以上主要觀賞花）和深山海棠（觀賞花和果實）。繁殖法只有接木一種（一八九頁）。樹形多半用模樣木，也有雙幹、直幹，斜幹。

逐年培養法

第一年　二月下旬做一九五頁的接木後種於向陽的地面。

第二年　三月中旬挖起來，架起竹架以便對樹幹劃花樣。四月中旬至十月下旬間施放肥料丸於三處孔內。肥料丸係用油粕五和魚粉五煉合乾燥的。

第三年　三月中旬做剪修作業。七月上旬重新梱縛支柱，四月上旬至九月下旬，每月撒布住松的稀薄液，以防治蚜蟲、貝殼蟲、斑蛾、毒蛾等。

第四年　三月上旬修剪後改植於觀賞盆。這一年要摘掉花芽。以後比照第三年澆水、消毒，在六月上旬整理不正常樹枝（一九七頁）。十二月上旬收於窖內管理。此外，自四月下旬起每月施肥一次，用油粕五和魚粉五煉成的肥料丸每月施放三、四個。

第五年　三月中旬實施剪除跳芽，四月上旬搬到戶外棚上，四月下旬去除花殼和花後修剪。以後的作業同第四年。

培養法

每三～四年改植一次。每年作業與第五年相同。

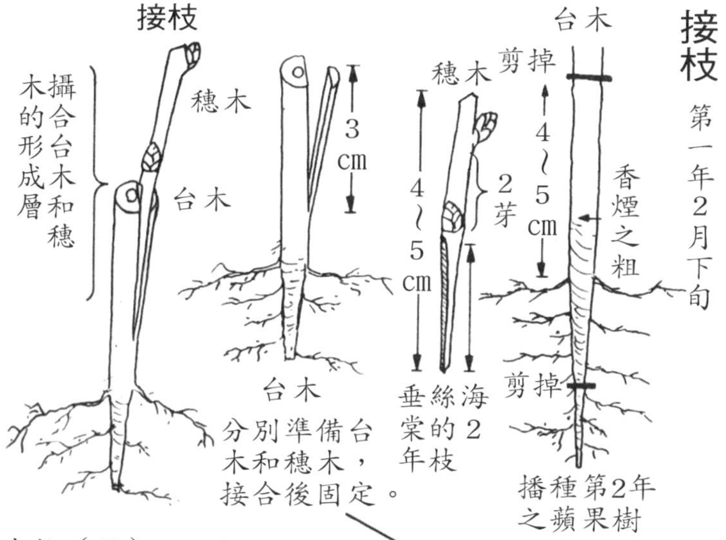

接枝

第一年2月下旬

接枝

攝合台木和穗木的形成層

穗木

台木

3cm

台木

分別準備台木和穗木，接合後固定。

穗木

4～5cm

2芽

垂絲海棠的2年枝

台木

剪掉

4～5cm

香煙之粗

剪掉

播種第2年之蘋果樹

生長和架起支柱

第一年7月

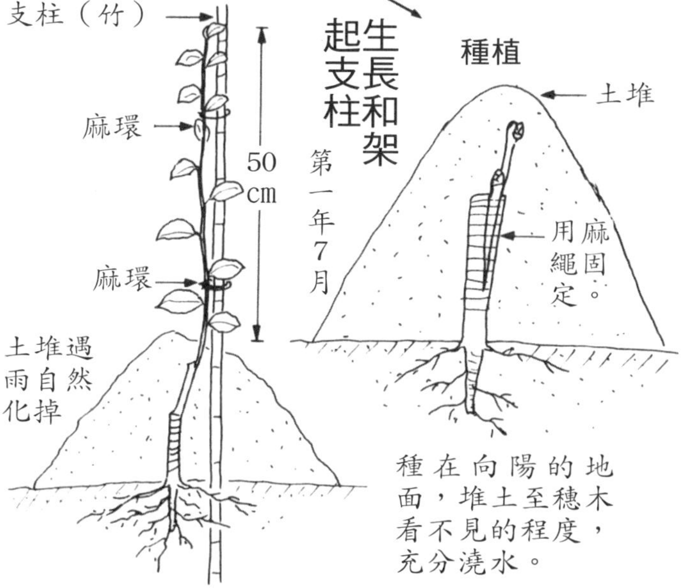

支柱（竹）

麻環

50cm

麻環

土堆遇雨自然化掉

種植

土堆

用麻繩固定。

種在向陽的地面，堆土至穗木看不見的程度，充分澆水。

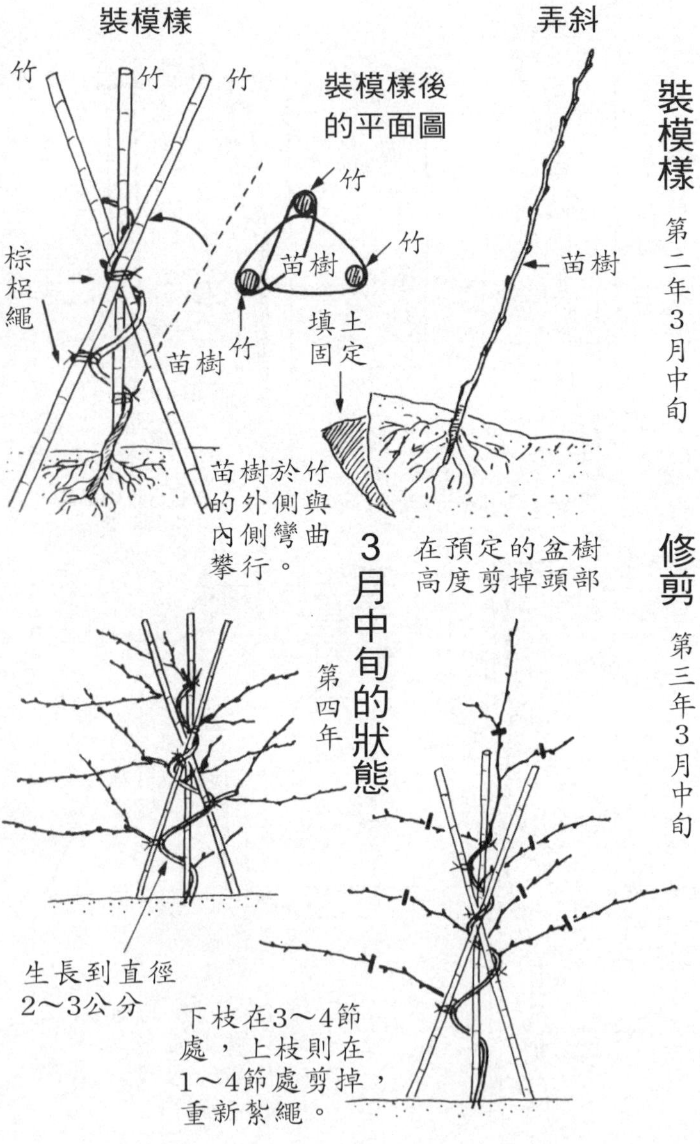

裝模樣

第二年3月中旬

裝模樣

竹

竹

竹

棕梠繩

苗樹

裝模樣後的平面圖

竹

竹

苗樹

竹

填土固定

苗樹於竹的外側與內側彎曲攀行。

弄斜

苗樹

修剪

第三年3月中旬

在預定的盆樹高度剪掉頭部

下枝在3～4節處，上枝則在1～4節處剪掉，重新紮繩。

3月中旬的狀態

第四年

生長到直徑2～3公分

移植於觀賞盆

第四年3月下旬

移植於觀賞盆的同時做修剪和根的整理。修剪時把前一年伸長的枝留下2～3節剪掉。根則把原土全部去掉，剪掉根的3分之2。

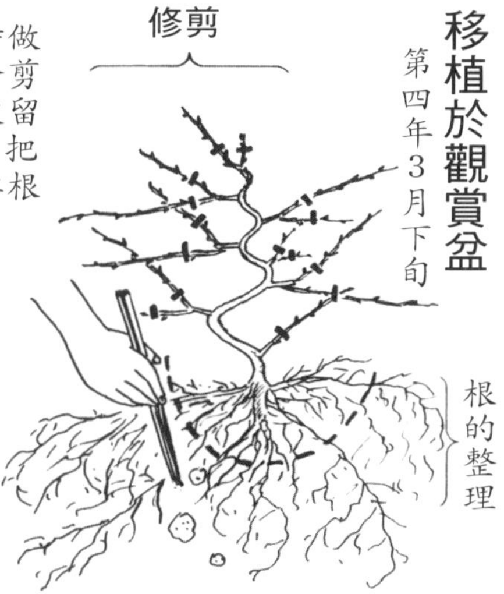

考量盆樹的蟠根狀況，移植於新盆。用新土。

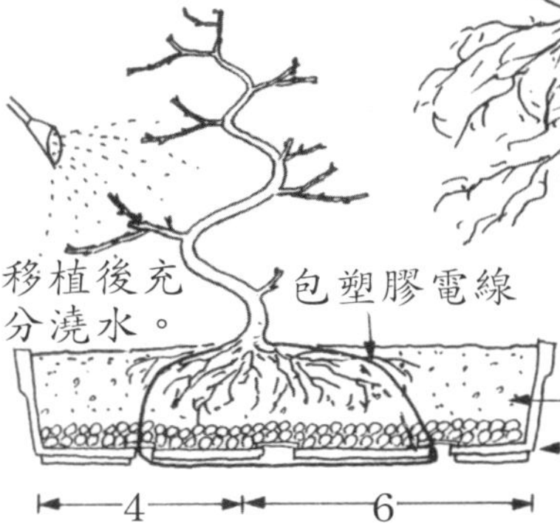

移植後充分澆水。

失常枝（瘋枝）的整理

第四年6月上旬

摘飛芽

第五年3月中旬

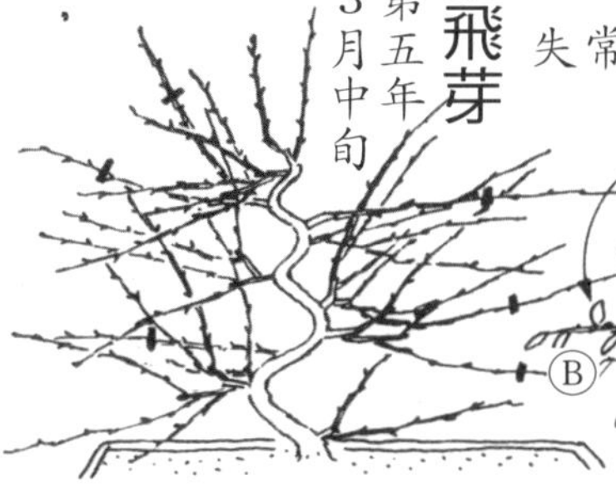

搬出戶外之前剪掉前一年伸長的失常枝。

樹幹伸出的枝長得失常，需用鐵絲壓平如Ⓐ～Ⓑ。

花　梨

花梨的優點、繁殖法和樹形

據史書記載：「花梨產交趾、兩廣溪澗，一名花櫚樹，葉如梨而無實，木色紅紫而肌理細膩。」「花櫚色紫紅，微香，其紋有若鬼面，亦類狸斑，又名花梨。」花梨喜溫暖，有一定的耐寒性，喜土壤濕潤，忌乾燥。分布於全球熱帶地區。

花梨的樹勢、花、紅葉和果實都屬上乘，因此可說是果實盆栽中之王。

花梨的繁殖可用播種（一三六頁），插條（一五四頁），壓條（一七七頁）和接枝（一八九頁），購入種樹培養亦可。樹形多半是模樣木，也有雙幹、三幹樹形。

逐年培養法

第一年　對購進的種樹的樹幹和樹枝紮線（二〇〇頁）後移植於培養盆。搬到

戶外棚上，當表土乾七分時充分澆水。施肥以油粕五和骨粉五煉成的肥料丸每月放四個，自四月到九月之間不斷施用。冬天則於屋簷下或窖內管理。

第二年　搬出戶外，澆水、施肥、收入屋簷下等作業和第一年相同。三月中旬剪修芯和樹枝，如二〇〇頁。在五月中旬和八月中旬再做修剪。

第三年　三月中旬修剪後改植（二〇一頁）。四月上旬搬到戶外棚上，比照第二年的時期實施管理作業。五月間修剪後對樹枝和小枝紮線（二〇二頁）。

第四年　同第三年。有必要時做修剪和紮線，在四月中旬至八月中旬間常做徒長枝修剪，漸次整理樹姿。

第五年　三月中旬改植於觀賞盆，以後比照第四年管理。如果水分充足，十月間就可欣賞果實。

培養法

每二年改植一次。保養作業比照第五年。

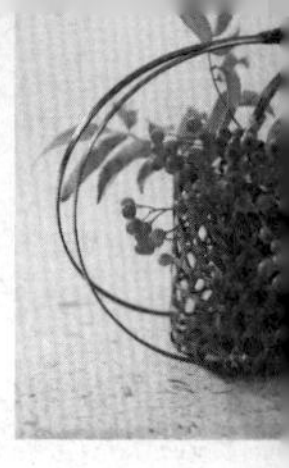

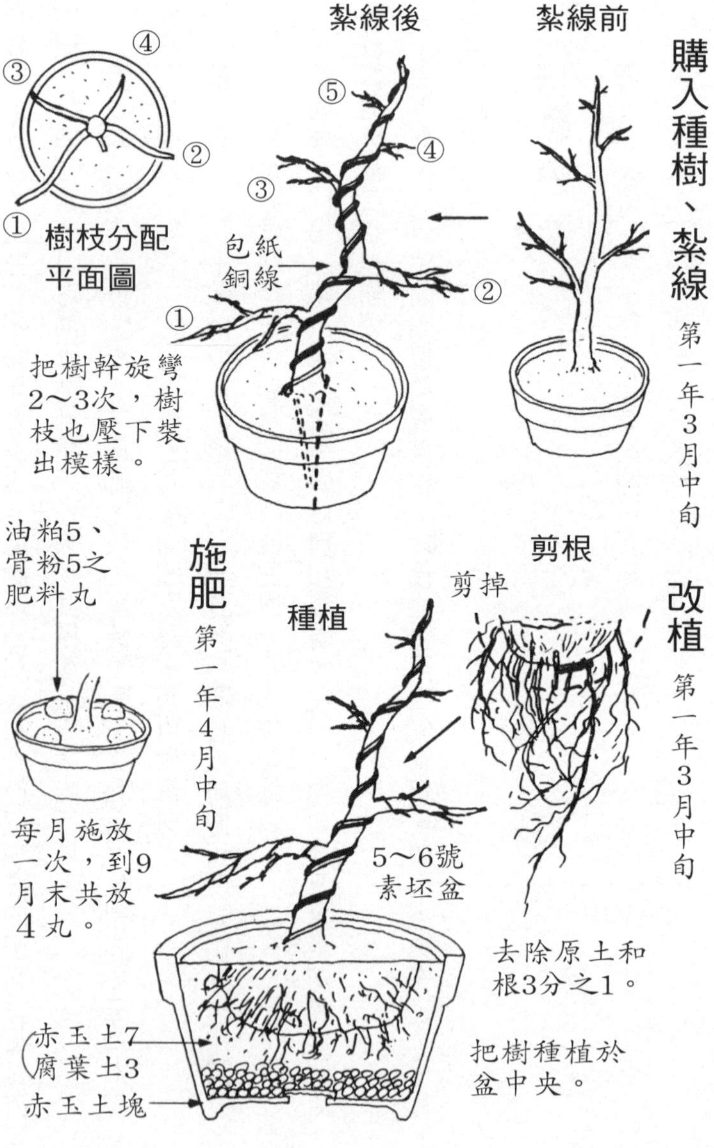
購入種樹、紮線
第一年3月中旬
紮線前
紮線後
①
②
③
④
⑤
樹枝分配
平面圖
包紙
銅線
把樹幹旋彎2~3次，樹枝也壓下裝出模樣。
改植
第一年3月中旬
剪根
剪掉
去除原土和根3分之1。
把樹種植於盆中央。
施肥
第一年4月中旬
油粕5、骨粉5之肥料丸
每月施放一次，到9月末共放4丸。
種植
5~6號
素坯盆
赤玉土7
腐葉土3
赤玉土塊

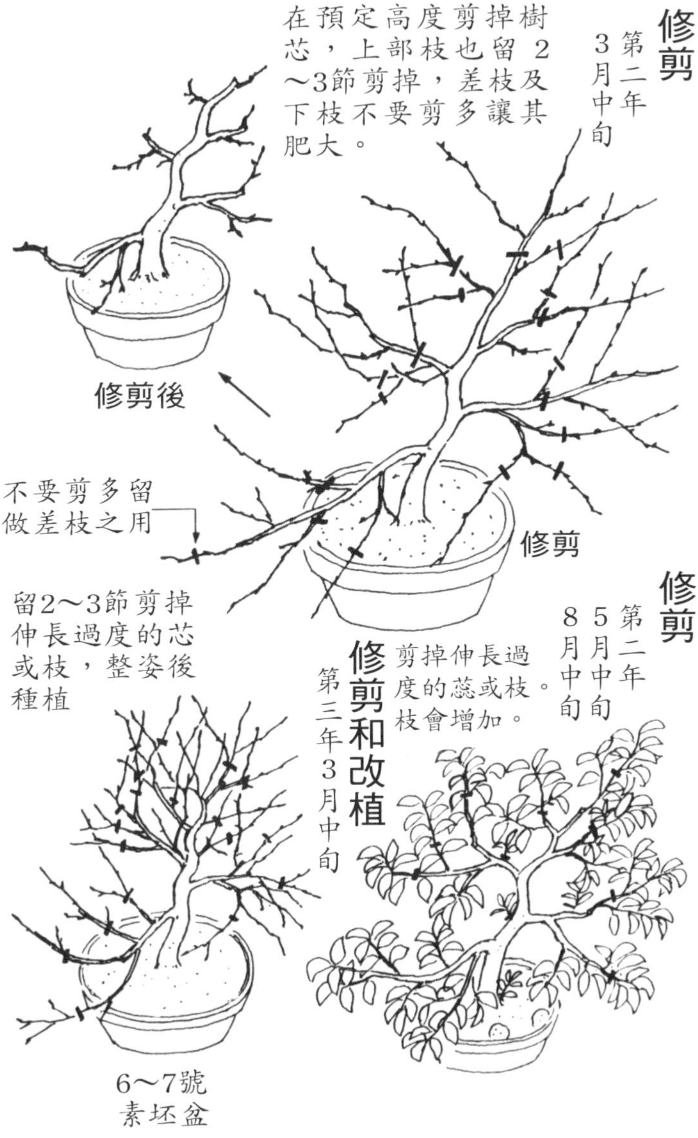

修剪
第二年
3月中旬
在預定高度剪掉樹芯，上部枝也留2～3節剪掉，差枝及下枝不要剪多讓其肥大。
修剪後
不要剪多留做差枝之用
修剪
修剪
第二年
5月中旬
8月中旬
剪掉伸長過度的蕊或枝。枝會增加。
修剪和改植
第三年3月中旬
留2～3節剪掉伸長過度的芯或枝，整姿後種植
6～7號素坯盆

生長

第三年5月

充分澆水，4月中旬起每月施肥。

紮線

第三年6月

紮線後的樹枝指向平面圖

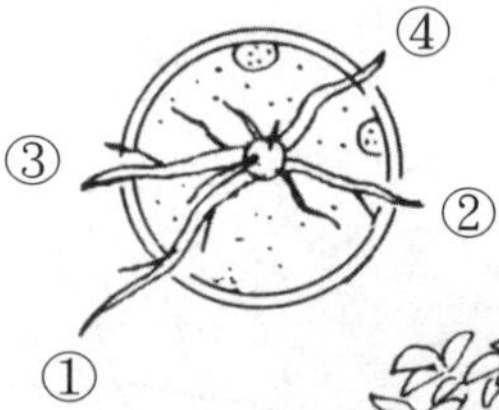

用鋁線把直立枝壓平弄成模樣，小枝也稍拉平。

移植於觀賞盆

第五年3月上旬

整理根部後移植於中等深度的觀賞盆。

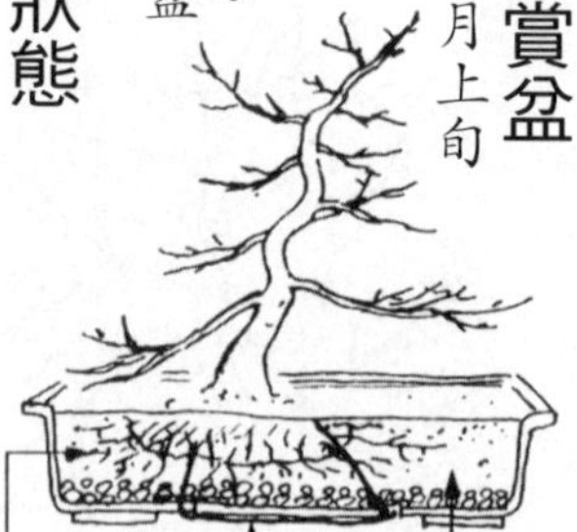

10月的狀態

第五年

果實的觀賞

木瓜

木瓜的種類和品種

《爾雅》：「木瓜亦稱楙。」屬薔薇科，葉橢圓狀卵形，先端尖銳，長五～七公分，邊緣鋸齒細銳，嫩葉背面有絨毛，托葉披針形，四月間花葉同開。花淡紅色，朝霞滴露，婉娜可愛。

盆栽界把木瓜分為寒木瓜（正月開花）和春木瓜（三～四月開花）二大類。寒木瓜有白花種和紅花種，前者的代表品種為寒更沙，後者的代表則「隨你想」。春木瓜的代表是東洋錦。此外，草木瓜是開朱紅色花，原產於日本。

樹形和繁殖法

樹形大部分為株立形。繁殖法用插條的最多，其次就是分株法（二〇五頁）。

第一年　九月分株後搬出戶外棚上，每日澆水二次。下旬施放油粕丸一個。十二月上旬收於能防霜或雪的向陽地方，管理到春天。

第二年　在窖內也會開花。一～三月間施加極薄的油粕水肥二次，花色會變得鮮艷。花蕾和花殼的去除法請參考二〇五頁圖。三月中旬從窖內搬到戶外棚上。到十一月為止的期間內，每日應澆水二次。在四、五、六、七、九月的各月上旬，各施油粕丸二個。

第三年　同第二年。但不需在一～三月間做除蕾。八月下旬做整枝修剪，方法如二〇六頁。十二月上旬比照第一年收於室內。

第四年　九月修剪後改植於觀賞盆。九月的施肥改為下旬，其餘比照第三年。

培養法

每二年改植一次，每一年作業比照第四年。

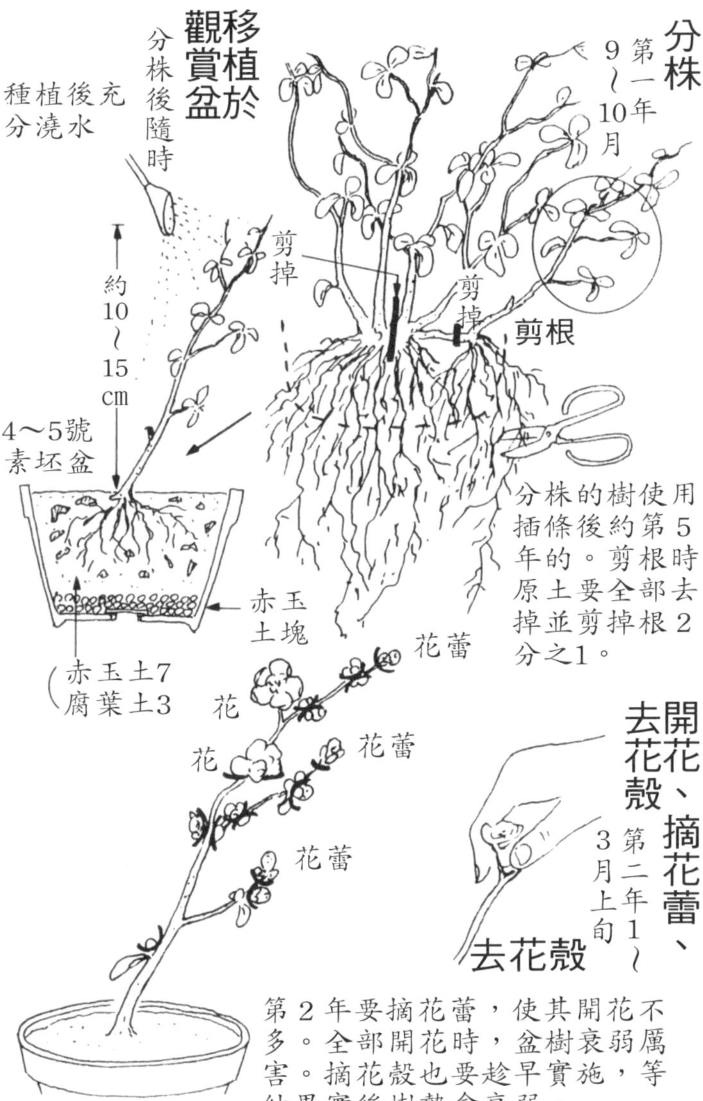

分株

第一年9～10月

剪掉

剪掉

剪根

分株的樹使用插條後約第5年的。剪根時原土要全部去掉並剪掉根2分之1。

移植於觀賞盆

分株後隨時

種植後充分澆水

約10～15cm

4～5號素坯盆

赤玉土塊

（赤玉土7 腐葉土3

開花、摘花蕾、去花殼

第二年1～3月上旬

花蕾

花

花

花蕾

花蕾

去花殼

第2年要摘花蕾，使其開花不多。全部開花時，盆樹衰弱厲害。摘花殼也要趁早實施，等結果實後樹勢會衰弱。

整枝修剪

第二年8月下旬

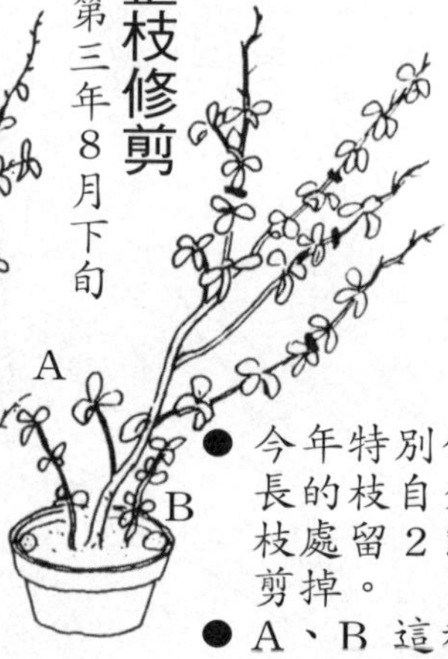

● 今年特別伸長的枝自2分節枝處留2節剪掉。

● A、B這種枝要保存伸長，做將來的株幹。

整枝修剪

第三年8月下旬

在預定高度剪芯。

第3年伸出的旁枝做可留下株將來的幹，如認為無必要就剪掉。

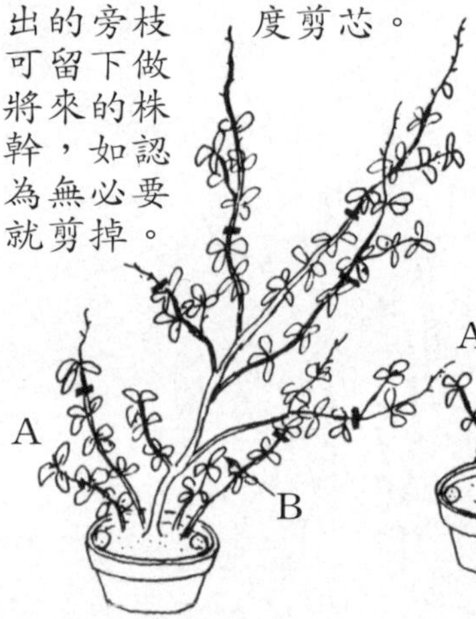

A

B

A

B

移植於觀賞盆

第四年9月上～中旬

修剪和剪根

留下新梢1～2節剪掉，根則剪掉2分之1。

剪掉

種植

水苔

赤玉土7
腐葉土3

包塑膠鐵絲

赤玉土塊

歡迎至本公司購買書籍

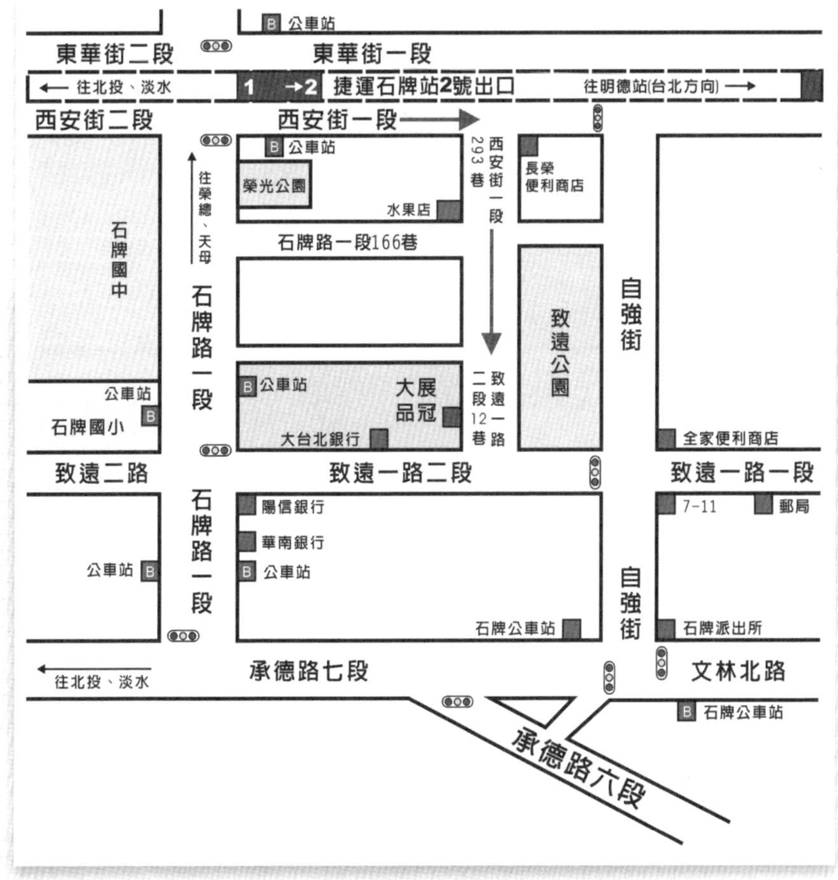

建議路線

1.搭乘捷運・公車

淡水線石牌站下車，由石牌捷運站２號出口出站(出站後靠右邊)，沿著捷運高架往台北方向走(往明德站方向)，其街名為西安街，約走100公尺(勿超過紅綠燈)，由西安街一段293巷進來(巷口有一公車站牌，站名為自強街口)，本公司位於致遠公園對面。搭公車者請於石牌站(石牌派出所)下車，走進自強街，遇致遠路口左轉，右手邊第一條巷子即為本社位置。

2.自行開車或騎車

由承德路接石牌路，看到陽信銀行右轉，此條即為致遠一路二段，在遇到自強街(紅綠燈)前的巷子(致遠公園)左轉，即可看到本公司招牌。

國家圖書館出版品預行編目資料

盆栽培養與欣賞／廖啟欣 編著
—初版—臺北市，品冠文化，2012（民101.05）
面；21公分—（休閒生活；2）
ISBN 978-957-468-875-3（平裝）
1. 盆栽　2. 園藝學
435.11　101004117

盆栽培養與欣賞

著　者／廖　啟　欣
發行人／蔡　孟　甫
出版者／品冠文化出版社
社　址／台北市北投區（石牌）致遠一路2段12巷1號
電　話／(02) 28236031・28236033・28233123
傳　真／(02) 28272069
郵政劃撥／19346241
網　址／www.dah-jaan.com.tw
E-mail／service@dah-jaan.com.tw
登記證／北市建一字第227242
承印者／傳興印刷有限公司
裝　訂／眾友企業有限公司
排版者／千兵企業有限公司
初版1刷／2012年（民101年）5月
初版4刷／2016年（民105年）1月　定　價／220元

大展好書　好書大展

品嘗好書　冠群可期

大展好書　好書大展

品嘗好書　冠群可期